David Heaf

# Naturnah imkern mit Warré-Beuten

Das Handbuch

Aus dem Englischen übersetzt von Alexander Preuß

Haupt Verlag

# Inhalt

# Vorwort

Dieses Buch ist für all jene geschrieben, die nicht überzeugt werden müssen, dass naturnahes Imkern für sie geeignet ist, und die dies gern mit einer Warré-Beute ausprobieren möchten, entweder als Anfangsbeute oder als Erweiterung zu anderen genutzten Beutetypen. Es enthält alles, was Sie zum Start in das Imkern mit der Warré-Beute brauchen sowie zum Betreiben in späterer Zeit, wenn sich die Bienen erfolgreich in dieser Bienenwohnung etabliert haben. Es beinhaltet sehr wenig philosophische, ethische und wissenschaftliche Hintergründe über die naturnahe Bienenhaltung. Diese Aspekte werden ausführlich in meinem Buch *Der bienenfreundliche Imker*[1] behandelt. Weiter gehe ich davon aus, dass sich der Leser mit den Grundlagen über Biologie und Verhalten der Bienen vertraut machen wird anhand der Lektüre von mir empfohlener ausgezeichneter und farbenreich illustrierter Bücher zum Thema, die ich in Kapitel 1.6 aufliste. Die Geschichte, wie und warum die Warré-Beute entstanden ist, die von ihrem Erfinder «Volksbeute» genannt wurde, ist ausführlich erzählt in Abbé Emile Warrés *Bienenhaltung für alle*[2], dessen letzte französische Originalausgabe 1948 erschien. Während das vorliegende Buch im Wesentlichen ein vollständiger Leitfaden ist, der so manches praktische Detail enthält, welches in keinem der vorgenannten Bücher zu finden ist, kann ich jedem Warré-Imker nur wärmstens empfehlen, Warrés Originalbuch zu lesen, dass seiner Zeit voraus war in den Ansätzen zu einer nachhaltigen, naturnahen Bienenhaltung.

Seit der Übersetzung von Warrés Buch ins Englische im Jahr 2007 verbreitete sich die Volksbeute auf nahezu jedem Kontinent und findet ihren Einsatz im ländlichen und städtischen Umfeld von den Tropen bis zur Taiga. Ich versuche deshalb in diesem Buch, die wachsende Vielfalt der Umgebungen, in denen der Bienenstock verwendet wird, anhand von Berichten von Warré-Imkerinnen und -Imkern weltweit einzubeziehen. Es gibt ein paar beschriebene Verfahren, die ich selbst nie angewendet habe, die jedoch, so denke ich, der Vollständigkeit halber erwähnt werden sollten.

Es lohnt sich, in Erinnerung zu rufen, dass Honigbienen fantastisch anpassungsfähig sind, sich in Hohlräumen aller Art und Größe und manchmal sogar im Freien ansiedeln. Ich selbst habe störende Kolonien aus Hohlräumen umgesiedelt, die von Ventilkammern von Wasserwerken im Boden bis zu Schornsteinen auf dreistöckigen Gebäuden reichen. Das bedeutet, dass Bienen nicht sehr wählerisch in Bezug auf den verfügbaren Stocktyp sind, solange dieser ausreichend Volumen besitzt, um ein lebensfähiges Brutnest anzulegen. Zu den natürlicheren Bienenstocktypen können wir zählen: Körbe, Klotzbeuten, horizontale (kenianische, tansanische) Oberträgerbeuten, den Sonnenstock (Weißenseifener Hängekorb, einen zweiteiligen Korb mit abgerundeten Rahmen) und vertikale Oberträgerbeuten, zu denen die Warré-Beute gehört. Ihre relative Natürlichkeit leitet sich hauptsächlich von der Tatsache ab, dass die Waben ohne Mittelwände angelegt werden und somit, im Gegensatz zu denen in Rähmchen, an Decke und Wänden der Beute befestigt sind, wie es auch bei den natürlichen Honigbienennestern der Fall ist. Ebenfalls ist es dem Nest erlaubt, nach unten zu wachsen, wie es in einem hohlen Baumstamm passiert. Viel von der übrigen Natürlichkeit des Warré-Bienenstocks ergibt sich aus der Art und Weise, wie er bewirtschaftet wird. Daher muss eingeräumt werden, dass sogar eine Langstroth-Beute relativ naturnah betrieben werden kann, zum Beispiel durch das Zulassen fundamentlosen, das heißt naturnahen Wabenbaus[3]. Wo jedoch ein naturnaher Imker den Einsatz von Rähmchen benötigt, zum Beispiel um staatlichen Vorschriften zu entsprechen, entwickelte Warré eine entsprechende Ausgabe seines Bienenstocks, die ich kurz in diesem Buch anspreche. Zu den anderen natürlicheren Bienenbeuten mit Rähmchen zählen die Einraumbeute, eine Trogbeute mit sehr tiefen Rahmen, welche die horizontale Unterbrechung des Brutnests verhindern, oder der etwas anspruchsvollere Weißenseifener Hängekorb, den ich bereits erwähnte.

Leserinnen und Leser könnten bemerken, dass der Begriff «naturnahes Imkern» ein Widerspruch in sich selbst ist: Sobald Sie Bienen in einen Behälter setzen, haben Sie den ersten Schritt weg von der Natürlichkeit getan. Aber die Verwendung des Ausdrucks «relativ naturnahes Imkern» wäre unhandlich. Vielleicht stellen «apizentrisches Imkern» oder «bienenzentriertes Imkern» passendere Begriffe dar, aber es scheint so, dass der Zeitgeist den Ausdruck «naturnahes Imkern» akzeptiert hat. Tatsächlich gibt es in Großbritannien einen Natural Beekeeping Trust[4], und der Begriff erscheint in den Überschriften von Imkerei-Büchern und -Webseiten. Da nun das, was der Begriff «naturnahes Imkern» meint, angemessen begründet ist, werden wir trotz seiner Gegensätzlichkeiten an dem Begriff festhalten. Wenn die Langstroth-Imkerei als modern betrachtet wird, dann ist die naturnahe Bienenhaltung postmodern.

Genauso wie Imkerinnen und Imker im Allgemeinen grundsätzliche Einstellungen haben, die ein Spektrum von mehr anthropozentrisch zu mehr apizentrisch umfassen, so gibt es auch zwischen den naturnahen Imkern eine Spannbreite von Einstellungen. Obwohl ich mich in diesem Buch auf einen Stocktyp beschränke, erörtere ich einige Eingriffe, die so manch radikaleren naturnahen Imker die Augenbrauen hochziehen lassen. Selbst Warré fügte bereits einige mehr anthropozentrische Manipulationen hinzu – zum Beispiel die Schwarmkontrolle durch Ablegerbildung. Er behauptete ausdrücklich nicht, naturnahe Bienenhaltung darzustellen. Das andere Extrem wäre, besonders beim Leben im ländlichen Raum, dass der Bienenstock ganz sich selbst überlassen bliebe, so, als wäre er ein hohler Baum, der nur besucht würde, um das Leben der Bienen zu bestaunen. Einzig der Imkereigesetzgebung unterstellt, haben Sie die Wahl, das zu tun, was für Sie funktioniert.

Naturnahe Imkerinnen und Imker mögen gern behaupten, dass ihre Bienen gesünder seien als jene, die unter künstlicheren Methoden gehalten werden. Es gibt vieles in der Bienenliteratur, das angeführt werden könnte, um diese Sichtweise zu untermauern, und ich habe einiges davon in meinem Buch *Der bienenfreundliche Imker* behandelt. Solange jedoch keine kontrollierten Langzeitversuche in verschiedenen Klimaregionen durchgeführt werden, die einen Vergleich von verschiedenen Bienenbeuten und Betriebsweisen beinhalten, ist es nicht möglich, diese weit gefasste Behauptung vollständig zu belegen. Hier ist eine Gelegenheit für Bienenforscher weltweit!

*David Heaf*
März 2013

# Vorwort zur deutschsprachigen Ausgabe

Die deutsche Übersetzung von David Heafs Buch *Natural Beekeeping with the Warré Hive – A Manual* hat eine Vorgeschichte. Vor ein paar Jahren besuchte ich in Berlin zwei Einführungskurse bei verschiedenen Imkern. Dort, so erwartete ich, würde ich alles Wichtige lernen, um im Anschluss mit der Imkerei anfangen zu können. Die behandelten Themen fand ich für Anfänger ziemlich komplex und im Nachhinein auch lückenhaft, da man an nur fünf Terminen von jeweils drei Stunden nicht alles vermittelt bekommen kann. Am Ende fühlte ich mich fachlich nicht ausreichend vorbereitet, um mit der Imkerei zu beginnen und hierfür die Verantwortung zu übernehmen. Man müsste dann natürlich das nicht vermittelte Wissen sowie alle wichtigen Abläufe im Bienenjahr in der Praxis unter der Anleitung eines erfahrenen Imkerpaten lernen. Als Beutentyp übernimmt man in der Regel einen der gängigen bzw. den des Imkerpaten. Rähmchen müssten selbstverständlich verwendet werden, so wurde es gelehrt. Durch deren Einsatz ist das Ziehen der Waben ziemlich einfach und geht schnell. Doch wozu will man eigentlich die Waben ziehen und was möchte man dort sehen? Das genaue Hinschauen und Verstehen, der Aufbau und die Anordnung der einzelnen Waben innerhalb des Bienenstocks wurde nicht ausreichend vermittelt. Über die Wichtigkeit der Erhaltung der Nestduftwärmebindung, die Johann Thür beschrieben hat, und das Infragestellen des häufigen Öffnens des Bienenstocks las ich erst viel später. Die heutige Imkerei, so scheint es mir, ist eine Ansammlung unzähliger Techniken nach dem Baukastenprinzip, ein ausgeklügeltes System von Manipulationen an den Bienen. Ein Mitfühlen mit dem Geschöpf Biene gibt es nicht. Ein Bienenvolk wird in der Imkerei nicht in Ruhe gelassen. Die spezifische Organisationsform, die ein Bienenvolk in seinem Bienenstock gebildet hat, wird, wann immer die Imkerin oder der Imker es für die eigene Praxis als notwendig erachtet, auseinandergerissen. Die Bienen sind gezwungen, sich daran anzupassen. Sie können in der Imkerei ihre natürliche Lebensweise nicht entfalten. Eine schlimme Erfahrung im Bienenkurs war für mich das pauschale Einbringen der Säuren ins Bienenvolk zur Behandlung gegen die Varroamilbe. Ein Volk wird unweigerlich eingehen, so erfuhr ich, wenn man diese Behandlung nicht durchführt, und die Milbe auch in andere Völker tragen. Wenn man diese Praktiken und Manipulationen an den Bienen nicht mitmachen möchte, bleibt eigentlich nur der Weg, mit der Imkerei nicht anzufangen.

Da mich das Thema jedoch zu sehr interessierte, wollte ich für mich eine Lösung finden. Wie könnte man eine Imkerei betreiben, die gleichzeitig auch das Wohl der Bienen im Blick behält? Dabei geht es durchaus um ein Interagieren mit den Bienen, dies jedoch unter gleichzeitiger Berücksichtigung ihrer eigenen Lebensäußerungen. Hierzu muss man zunächst die natürlichen Abläufe im Bienenvolk verstehen und dann die eigene Imkerpraxis an diese Prozesse anpassen. Zwei wichtige Fragen, die sich in diesem Zusammenhang stellen, betreffen die Wahl der Bienenbehausung und die angewendete Betriebsweise. Welchen Beutentyp sollte man wählen, der ein möglichst naturnahes Imkern zulässt? Welche Eingriffe der Imkerin bzw. des Imkers wären notwendig und ließen sich mit den natürlichen Abläufen des Bienenvolks im Bienenstock verbinden, ohne dass die Bienen zu sehr gestört werden?

Im Internet entdeckte ich die Webseite von David Heaf. Mich interessierten seine Imkerpraxis und Ausführungen zum behandlungsfreien Imkern[5] sowie zur Warré-Beute. Ich trat mit ihm in Kontakt. Nach einigen Monaten entstand die Idee, sein englischsprachiges Handbuch zum naturnahen Imkern mit dem Warré-Bienenstock ins Deutsche zu übersetzen und beim Haupt Verlag zu publizieren. Die deutschsprachige Ausgabe liegt nun in leicht aktualisierter Form vor. So wurden die Webseiten und Foren zur Warré- und naturnahen Imkerei, die Lieferanten von Warré-Beuten sowie die Literaturempfehlungen angepasst. Eigene Ergänzungen in den Fußnoten sind mit meinem Namenskürzel (A.P.) kenntlich gemacht. In Kapitel 15 werden bei den Brutkrankheiten und den Bienenschäden aufgrund von Pestizideinsatz weiterführende Hinweise zu Webseiten in der Schweiz, in Österreich und in Deutschland mit Fußnoten gegeben.

Ich danke David Heaf, dass er mir die Möglichkeit gegeben hat, sein Buch zu übersetzen. Durch den großartigen und häufigen E-Mail-Austausch habe ich viele wertvolle fachliche Hinweise zur Bienenhaltung von ihm erhalten und viel von ihm lernen dürfen. Vielleicht wage ich mich nun an die eigene Praxis und finde meinen Weg, Bienen naturnah zu halten. Drei Warré-Beuten habe ich mir bereits gebaut. In diesem Sinne ist die Übersetzung von David Heafs Buch für mich eine persönliche Herzenssache. Ich danke dem Haupt Verlag, der das Werk veröffentlicht, und wünsche der deutschsprachigen Ausgabe viel Erfolg.

*Alexander Preuß*
Mai 2025

# 1 Einleitung

## 1.1 Naturnah imkern

In der folgenden kurzen Auflistung möglicher Kriterien für naturnahes Imkern dürften manche Kriterien zumindest vorerst als unerreichbar gelten.

### 1.1.1 Beute und Standort

- Holz und/oder Naturfaser ohne Metall oder Plastik
- Form, die der Gestalt eines Schwarmes oder einer Schwarmtraube entspricht
- Umfang für vertikales oder horizontales Koloniewachstum
- Volumen und Höhe über dem Boden, so wie es vorgefunden wird, wenn Bienen die eigene Wahl hätten
- Fluglochgröße, Ausrichtung und Lage, so wie es vorgefunden wird, wenn Bienen die eigene Wahl hätten
- Wandstärke wie in hohlen Bäumen
- Ununterbrochenes Brutnest
- Königin ist prinzipiell frei, überall herumzuwandern; kein Ausschluss
- Abgeschattet von der prallen Sonne, so wie in einem Baumstamm
- Nicht in einem nassen dunklen Hohlraum
- Zugängliches und ausreichendes Futter für die gewünschte Koloniestärke, inklusive Überwinterung
- Keine Schutzmittel auf der Beute oder dem Bienenstand; nur unschädliche natürliche Farben

### 1.1.2 Betriebsweise

- Bienenzentriert statt Produktionssteigerung von Bienenstockprodukten für den Profit

- Naturwabenbau; keine Mittelwände
- An Decke und Wänden der Bienenstockhöhle befestigte Waben; keine Bienenabstände wie bei Langstroth
- Absolut minimaler Eingriff in den Bienenstock
- Sehr seltenes Öffnen der oberen Abdeckung, die die Wärme nach außen lässt
- Zusätzlicher Honigaufsatz nur bei Risiko der Verhonigung, die die Überwinterung gefährdet
- Kein oder minimaler Einsatz von Rauch
- Kolonievermehrung durch natürliches Schwärmen
- Keine Verstümmelung der Königin (kennzeichnen, Flügel beschneiden)
- Keine künstliche Königinzucht, Umlarven, Besamung
- Lokal angepasste Bienen, wenn erhältlich
- Keine Chemikalien im Stock, die die Bienen nicht selbst dort einbringen, z. B. keine Varroa-Behandlungen
- Kein Keulen der Drohnen
- Beutenstandort frei von Pestizideinsatz
- Fütterung nur, wo notwendig, und dann nur Honig[6] und/oder echten Pollen
- Auswirkungen auf andere Bestäuber berücksichtigen

Welch hohe Erwartungen hier aufgestellt werden! Sicherlich müssen am Anfang einige Kompromisse gemacht werden, um Bienen halten zu können. Dicke Beutenwände etwa oder das Anbringen des Bienenstocks über dem Boden in 5 m Höhe, was von Bienen häufiger ausgewählt wird, würde das Hantieren mit den Zargen schwierig und unsicher machen. Und in ihrem ersten Jahr haben Imker möglicherweise keinen eigenen Honig, um im Notfall zu füttern, oder besitzen nur einen Bienenstock und möchten ihre Bienen nicht völlig der Zerstörung durch Varroa und die von ihr übertragenen Viren überlassen. Daher sind die oben genannten Aufzählungen nicht als absolutes Dogma zu verstehen, eher als Anregungen. Naturnahe Imkerinnen und Imker vertreten verschiedene Sichtweisen von Ökozentrierung bis Apizentrierung. Ich schlage vor, dass wir Bienen in einem Bienenstock halten, der zu uns passt, und in der Art und Weise, die uns erfüllt. Von daher, fühlen Sie sich frei, es anzugehen, und wählen Sie aus!

## 1.2 Warum Warré?

Nach vierjähriger Nutzung eines Langstroth-Beutetyps, der «National» oder «British Standard» genannt wird, von denen ich einige noch verwende, stieß ich auf Johann Thürs Buch, in welchem ein Bienenstock von Johann Ludwig Christ aus dem 18. Jahrhundert hervorgehoben wird, der aus gestapelten Kästen mit Oberträgern in jedem Kasten besteht. Ein reizvolles Merkmal für mich war, dass die Waben an den Wänden und der Decke des Bienenstocks befestigt sind und somit Sackgassen geschaffen wurden, die den eigenen Stockgeruch und die Stockwärme zurückhalten (Nestduftwärmebindung). Weiterhin wurde der Stock bei Koloniewachstum nach unten erweitert und der mit Honig gefüllte Wabenkasten von oben geerntet. Die Waben wurden nicht wiederverwendet. Dann stieß ich auf die gleichen Prinzipien bei der «Volksbeute», einem französischen Buch von Abbé Emile Warré, der hierin ausführlich ihre Bau- und Betriebsweise darstellt. Seitdem habe ich mir 16 dieser Bienenbeuten zugelegt und bevölkert, während ich meine «Nationals» auf weniger als eine Handvoll reduziert habe.

Was mir an der Warré-Beute gefällt, ist Folgendes:

- Zurückhalten von Stockwärme und -geruch; bessere Kontrolle von Temperatur und Feuchtigkeit
- Dickes, dampfdurchlässiges Kissen, bietet beste Isolation und puffert gegebenenfalls Feuchtigkeit
- Oberträgertuch ersetzt das innere Abdeckbrett; kein Brechen von Propolis; schonender Eingang
- Kleine, handlichere und einfacher zu bauende Zargen
- Alle Zargen in gleicher Größe
- Freier Wabenbau hinsichtlich Zellengröße und Verhältnis von Arbeiter- und Drohnenzellen
- Beständig nach unten wachsendes Brutnest auf frischen Waben, Zargen mit alten und honiggefüllten Waben werden vollständig von oben entfernt
- Wabenerneuerung durch die Bienen und damit Krankheitsminimierung ist automatisch ein innerer Bestandteil des Jahreszyklus
- Keine Kosten für Rähmchen bzw. Mittelwände oder für die damit verbundene Arbeit der Vorbereitung
- Keine Mittelwände bedeutet, kein verunreinigtes Wachs wird eingebracht
- Kein Absperrgitter
- Keine gerahmten Waben sind zu schleudern, nur schneiden und auslaufen lassen, daher kein teures Schleudergerät notwendig, nur Küchenutensilien
- Normalerweise braucht der Bienenstock im strengen Sinne nur einmal im Jahr zur Honigernte geöffnet zu werden; bei der Frühjahrskontrolle werden die Zargen unterhalb hinzugefügt, ohne die Wärme herauszulassen oder die Bienen zu stören
- Stabile hervorstehende Griffe an den Zargen eignen sich für die Verwendung eines Selbstbau-Bienenstockhebers

Aber lassen Sie uns alle Karten auf den Tisch legen und schauen wir uns einige der möglichen oder vermeintlichen Nachteile an:

- Kein rundförmiger Hohlraum wie bei einem hohlen Baum oder einem Bienenkorb; Warré erkannte eine zylindrische Form als wünschenswert, aber nicht leicht anwendbar an
- Durch Oberträger unterbrochenes Brutnest
- Vorsichtigeres Hantieren bei der Wabendurchsicht notwendig im Vergleich zu Langstroth-Beutetypen
- Geernteter Honig von Brutwaben; höherer Gehalt von Brutwabenbestandteilen inklusive Pollen
- Durch wenig oder keine Wiederverwendung von Waben wird mehr Nektar benötigt, um die geernteten Waben zu ersetzen, deshalb geringerer Honigertrag
- Ableger, falls vorhanden, sind ohne Rähmchen schwieriger zu handhaben
- Größeres Risiko von Honigverunreinigung durch Varroa-Behandlungen, wenn sie eingesetzt werden
- Persönliche Patenschaft für den Anfänger ist in der unmittelbaren Umgebung schwieriger zu bekommen
- Schwierigeres Bewerten des Koloniezustandes durch Beobachtung von außen

Nun, wir können nicht alles haben! Wir werden einige der möglichen Nachteile später im Verlauf des Buches diskutieren.

## 1.3 Persönliche Patenschaft und andere Formen von praktischer Beratung

In den letzten Jahren wurden Kurse in naturnaher Bienenhaltung und der Warré-Beute in den USA, Großbritannien und Australien abgehalten. Da die naturnahe Bienenhaltung derzeit noch Zulauf erhält, sollte es möglich sein, diese Kurse über Publikationen zur Imkerei und Foren ausfindig zu machen. Der Natural Beekeeping Trust (Großbritannien) widmet sich allgemein der naturnahen Imkerei und führt Kurse durch.

Einen im näheren Umfeld praktizierenden Mentor für die Warré-Beute zu finden, dürfte sich als schwieriger erweisen. In jedem Fall ist es ratsam, sich einem örtlichen Imkerverein anzuschließen. Die Treffen, besonders solche an den Bienenständen im Frühjahr und Sommer, sind hoch informativ, selbst wenn Sie nicht immer die angewendeten Methoden befürworten. Persönliche Betreuung durch einen erfahrenen Imker, der sich für Langstroth-Bienenstöcke engagiert und trotzdem offen ist, kann eine angenehme Erfahrung sein. Das Verständnis und die Sensibilität für Bienen, welche durch jahrelange Arbeit mit Waben in Rähmchen erworben wurden, kann weitgehend auf das Hantieren mit den Bienen in Warré-Beuten übertragen werden. In seltenen Fällen könnten

Sie in Ihrem örtlichen Verein auf ein gewisses Maß an Abneigung stoßen, wenn Ihre Absichten und Überzeugungen offenbar werden. In solchen Fällen ist es besser, nur zu beobachten, zuzuhören und zu lernen.

Viele Anfänger haben ihre persönliche Begleitung durch gleichgesinnte Imkerinnen bzw. Imker aus beträchtlicher Entfernung erhalten, entweder telefonisch oder über das Internet. Dies passiert oft anhand der vielen Online-Foren, wobei das wichtigste englische, das sich der Warré-Imkerei widmet, die Google e-group «warrebeekeeping» ist, die Anfragen oft innerhalb von Stunden beantwortet.[7] Weblinks oder andere Foren werden auf Seite 153 aufgelistet.

Die National Bee Unit[8] in Großbritannien und verschiedene staatliche Beratungsstellen in den USA beraten Imkerinnen und Imker besonders in Bezug auf die Krankheits- und Schädlingsbekämpfung. Solche Stellen haben oft ein Netzwerk an örtlichen Beamten. Der Wissensreichtum der verschiedenen staatlichen Stellen ist nicht abzulehnen, selbst wenn er manchmal auf einer Weltsicht basiert, in welche die naturnahe Imkerei nicht ohne Weiteres hineinzupassen scheint. Im Gegensatz dazu hat mein örtlicher Bienensachverständiger selbst hergestellte Bienenkörbe betrieben. Hoffentlich werden Sie hinsichtlich der offiziellen Informationen schrittweise anfangen zu erkennen, was Sie annehmen und was Sie lassen sollten. Da die Bienensachverständigen ihre Pflichten auf unterschiedliche Weise auslegen, sollten Sie sich im Voraus mit Ihren eigenen Rechten und den Ausführungsvorschriften oder Richtlinien vertraut machen, die von den Beamten umgesetzt werden sollen, die Ihre Bienenstöcke kontrollieren. In Großbritannien sind solche Vorschriften/Richtlinien ausführlich auf der Webseite der National Bee Unit beschrieben.[9] In Kapitel 7.7.2 schlage ich einen Weg der Zusammenarbeit mit Ihrem Sachverständigen vor, dem gegenüber Sie sich öffnen könnten.

## 1.4 Gesetze und Bienen

Einige Länder oder Staaten verlangen von den Imkerinnen und Imkern, sich anzumelden. An vielen Orten gibt es meldepflichtige Bienenschädlinge und -krankheiten, wie etwa Faulbrut. Die Vorschriften sind bei den staatlichen Ämtern für Landwirtschaft erhältlich. Ihr örtlicher Imkerverein wird Ihnen den Kontakt vermitteln.

Einige regionale staatliche Verwaltungsstellen haben Gesetze oder Verordnungen im Zusammenhang mit der Bienenhaltung, die manchmal Bienenstände in bestimmten Gegenden verbieten oder Abstände zu öffentlichen Durchgangsstraße vorschreiben. Ihr örtlicher Verein kann auch hier beraten.

## 1.5 Imkergesundheit, -sicherheit und -versicherung

Wie es Ihnen mit Ihren Bienen ergeht, hängt stark von Ihrem Verhalten ihnen gegenüber ab, und das wiederum hat viel mit Ihrer inneren Einstellung zu tun. Eine planvolle, zielgerichtete, nicht hastige, ruhige, bewusste und stets beschauliche Annäherung wird wohl eher mit Kooperation belohnt als das gegenteilige Extrem, was ich nicht weiter ausführen und Ihrer Vorstellung überlassen möchte. Aber selbst mit dem besten Vorsatz werden Sie gelegentlich Bienenstiche erleiden. Wenn es häufig passiert, dann schauen Sie, was falsch sein könnte: unpassende Tageszeit; Bienenvolk wurde schon stark durch Sie oder ein anderes Tier (Specht) gestört; Weisellosigkeit; eigener Parfümgeruch; räuberische Bienen aus anderen Völkern, die Honig aus dem geöffneten Stock stehlen, usw.

Das Hauptrisiko beim Imkern sind Stiche, bei einem selbst und bei anderen, sowie Rückenschäden. Imker sind an gelegentliche Stiche gewöhnt, und es stört sie nicht mehr, als von einer Brennnessel gestochen zu werden. Allerdings kann ein Stich in seltenen Fällen tödlich sein, besonders durch einen dadurch ausgelösten anaphylaktischen Schock.[10] Bis Sie Ihre Reaktion auf Bienenstiche kennen, ist es klug, nicht alleine zu arbeiten. Manchmal kann sogar eine Imkerin, die lange Stichen ausgesetzt war, später eine schwere Reaktion entwickeln. Nach einem Stich hilft es, um die daraus entstehende Entzündung zu minimieren, den Stachel sofort durch eine Seitwärtsbewegung der Ecke eines Stockmeißels, eines Fingernagels oder einer Bankkarte von der Haut abzustreifen. Ein Stich ins Auge könnte Blindheit hervorrufen. Aus diesem Grund trage ich beim Arbeiten mit den Bienen immer einen Schleier.

Wenn Sie andere Personen an Ihre Bienen heranbringen, ist es sinnvoll, sie zumindest mit Gesichtsschleier auszustatten und sich selbst mit Erste-Hilfe-Maßnahmen bei Stichen vertraut zu machen. Sie werden es zweifellos vermeiden, mit Ihren Bienen zu hantieren, wenn ein offensichtliches Risiko für Familie, Nachbarn oder Passanten besteht. Viele Imkerinnen und Imker in Großbritannien, womöglich die Mehrheit, haben eine Betriebshaftpflichtversicherung, die gewöhnlich über den örtlichen Imkerverein erhältlich ist. Sie deckt auch im eher unwahrscheinlichen Fall die Haftung gegenüber einem Produkt ab, z. B. Honig, wenn es sich als schädlich erweisen sollte. Ich kenne persönlich keinen Imker, der eine Versicherung gegen Verlust oder Schäden an Bienenstöcken und -völkern abschließt, aber ich weiß, dass sie in Frankreich zu einem geringen Preis pro Bienenstock erhältlich ist.

Eine andere in Großbritannien über die Imkervereine erhältliche Art von Versicherung ist die Versicherung gegen Bienenkrankheiten. Sie zahlt eine Entschädigung für den Verlust von Rähmchen und Waben, wenn diese wegen einer Faulbrutinfektion auf Anordnung verbrannt werden müssen. Andere Teile des Bienenstocks werden generell durch Abflammen mit einem Gasbrenner oder in einigen Ländern durch Bestrahlung sterilisiert. Warré-Imker würden unter solchen Umständen einen viel geringeren Verlust erleiden, da sie nicht in Rähmchen oder Mittelwände investieren. Eine Versicherung gegen Bienenkrankheiten ist für sie daher weniger attraktiv.

Eine weitere in der Imkerei nicht unbekannte Gefahr sind Rückenverletzungen. Eine vollständig mit Honig gefüllte Warré-Zarge kann 21 kg wiegen. Vorsicht und eine richtige Hebetechnik sind erforderlich. Gelegentlich, wenn ich eine dritte Zarge hinzufüge, hebe ich zwei komplett mit Bienen besetzte und fast vollständig mit Waben ausgebaute Warré-Zargen an. Das ist jedoch allgemein zu Beginn bis Mitte der Saison der Fall, bevor sich eine beträchtliche Menge Honig, das dichteste Material im Bienenstock, angesammelt hat.

## 1.6 Literaturempfehlungen

Abgesehen von meinem eigenen und Warrés Buch, die beide im Vorwort erwähnt wurden, möchte ich gern ein paar Bücher anderer Autoren empfehlen, die sich gerade für einen Anfänger in naturnaher Bienenhaltung als besonders nützlich erweisen sollten. Michael Weilers Buch *Der Mensch und die Bienen* umfasst Anatomie, Biologie und Verhalten der Biene. Es widmet sich dem Phänomen des Biens, der Essenz der Biene. Gunther Hauks *Toward Saving the Honeybee*[11] (Biodynamic Farming and Gardening Association, 2002; 2., überarbeitete und erweiterte Auflage 2017) präsentiert einige Prinzipien und Praktiken der naturnahen Bienenhaltung insbesondere aus biodynamischer Perspektive. Sigrun Mittls *Nachhaltig Imkern mit gesunden Honigbienen* (Haupt Verlag, 3., korrigierte Auflage 2024) widmet sich ebenfalls der nachhaltigen und tiergerechten Imkerpraxis vor dem Hintergrund wild lebender Honigbienen und wie diese gesund in der freien Natur überleben. Aufgrund seiner hervorragenden Farbaufnahmen und bildreichen Beschreibungen der Bienenbiologie und des Bienenverhaltens ist Jürgen Tautz' *Phänomen Honigbiene* (Spektrum, 2007) ein Muss. Der Kaufpreis ist hoch, aber die öffentlichen Bibliotheken in Ihrer Nähe werden es sicher verfügbar haben. Ein schmales Büchlein, das Sie schätzen werden und immer griffbereit haben möchten, ist Heinrich Storchs *Am Flugloch* (Selbstverlag, Marburg/Lahn, 1951; 14., erweiterte Auflage, Europäische Bienenzucht (Hrsg.), Brüssel, 2018). Es handelt vom Verstehen der inneren Prozesse im Bienenstock anhand von außen vorgenommener Beobachtungen am Flugloch. Für einen mehr akademisch-wissenschaftlichen Zugang zu Bienenbiologie und -verhalten verweise ich auf Mark Winstons *The Biology of the Honey Bee*[12] (Harvard University Press, 1987). Als durch und durch unterhaltsame Lektüre empfehle ich jedes Bienenbuch von Tom Seeley, etwa *Das Leben wilder Bienen* (Ulmer Verlag, 2021) und insbesondere seine

*Bienendemokratie* (S. Fischer Verlag, 2014), die seine Forschung beschreibt, wie Bienen eine neue Behausung finden. Jeder, der mit natürlichen Schwärmen arbeitet, wird wahrscheinlich wissen wollen, was an der Stelle und in der Zeit zwischen Bienenstock und Schwarmfangstock passiert.

Zur Ergänzung der Bücher gibt es einige Webseiten, die sich der Warré-Imkerei widmen, wovon die älteste englischsprachige www.warre.biobees.com ist, der Ort im Netz, der freundlicherweise von Phil Chandler bereitgestellt wird, der in Großbritannien als Vorreiter in naturnaher Bienenhaltung zählt, basierend auf der horizontalen Oberträgerbeute. Meine eigene Webseite www.bee-friendly.co.uk enthält Warré-Imkerei-Material, welches nicht auf der Seite biobees.com erhältlich ist, ebenso wie meine Artikel und Links zu meiner Arbeit zur Umsiedlung von Bienenkolonien. Die oben erwähnte Seite der «warrebeekeeping» e-group umfasst mehrere Jahre an durchsuchbaren Nachrichten, von denen viele jetzt in einer FAQ-Liste zusammengestellt sind. Gill Sentinellas DVD-Film *The Honeybee*[13] (2009) gibt einen lebendigen Zugang zum Jahreszyklus mit großartigen Aufnahmen.

# Anschaffung der Warré-Beute 2

Seit dem Erscheinen der englischen Übersetzung von Warrés Buch sind weltweit mindestens ein paar Dutzend Hersteller/Anbieter entstanden. Besonders vielversprechend war die Entscheidung von E. H. Thorne (Bienenstöcke) Ltd., Großbritanniens größtem Anbieter für Imkereibedarf, im Jahr 2011 eine Warré-Beute mit vier Zargen in Englischer Zeder herauszubringen. Das stellte eine gewisse Anerkennung der Vorzüge dieses Stocktyps dar, zumindest als Verkaufsangebot. Auf Seite 154 gebe ich eine Auflistung der mir zurzeit bekannten Warré-Anbieter.

Warré selbst stellte sich jedoch vor, dass die Leute («das Volk») ihren Bienenstock selbst bauen, da er einfach in der Konstruktion ist. Deshalb gebe ich hier eine vollständige Bauanleitung. Außerdem füge ich eine Anpassung der Zarge hinzu, um ein Sichtfenster an der Rückseite zu erhalten, und abgeänderte Böden.

## 2.1 Materialien

Die Wahl der Holzsorte liegt weitgehend bei der Imkerin bzw. dem Imker. Sie hängt von örtlichen Rohstoffen ab und davon, wie viel man für den Bienenstock ausgeben will. Viele meiner Warré-Beuten sind aus recyceltem Holz hergestellt. Dieses ist jedoch nicht allgemein zugänglich. Weichholz ist aufgrund seiner geringeren Wärmeleitfähigkeit und damit höheren Isolierleistung vorzuziehen. Von den gewöhnlich verfügbaren Weichhölzern würde ich empfehlen, in absteigender Reihenfolge der Präferenz: Zeder, Lärche, Kiefer und Fichte – am besten aus nachhaltiger heimischer Forstwirtschaft. Die Westliche Rotzeder liefert traditionell das Holz für Bienenstöcke in Großbritannien, da es leichtgewichtig und langlebig ist und ohne äußeren Schutz auskommt. Viele meiner neueren Zargen sind aus Lärche gemacht, aber ich benutze immer noch recyceltes Holz für alle anderen Teile der Beute.

Wenn Sie sich darauf beschränken, bereits zugeschnittene standardisierte Bretter zu kaufen, z. B. aus Kieferholz, möchten Sie vielleicht die Bienenstockabmessungen ein wenig an das Angebot anpassen. Zum Beispiel ergeben 25 × 225 mm nominale Kieferbretter, wenn gehobelt, 20,5 × 216 mm tatsächliche Größe, aber es besteht keine Notwendigkeit, die zusätzlichen 6 mm zu entfernen. Die Bienen werden nichts dagegenhaben. Alternativ könnten Sie Holz mit gesägter Oberfläche verwenden, das heißt, kein verschwendetes Holz beim Hobeln. Tatsächlich erklärte Warré, dass es nicht notwendig sei, das Holz zu hobeln. Bienen haben keine hohlen Bäume, die für sie gehobelt werden! Es gibt zwei Vorteile. Ihre Kästen sind dicker, daher besser isoliert, und die rauen Oberflächen würden die Bienen dazu anregen, Propolis darauf abzulagern, wodurch die soziale Immunität verbessert wird.

Versuchen Sie dennoch, so weit wie möglich, die Zargeninnenmaße mit einer Grundfläche von 300 × 300 mm einzuhalten, damit Sie keine Schwierigkeiten bei der Anbringung der Oberträger und der Schaffung von Zwischenräumen bekommen.

Einige Warré-Imker verwenden Sperrholz in Außenqualität und sogar Marinesperrholz für Teile des Bienenstocks. Es ist nicht bekannt, in welchem Umfang die in den Klebstoffen benutzten Substanzen aus den Holzschichten austreten, aber das ist sicherlich ein Faktor, den es zu berücksichtigen gilt. Es sollte natürlich kein Problem sein, Sperrholz beim Dach und sogar beim Kissen einzusetzen. Um die Konstruktion zu vereinfachen, verwenden manche Sperrholz beim Boden, obwohl es in direkten Kontakt mit den Bienen kommt. Drei weitere beim Sperrholz zu berücksichtigende Faktoren, verglichen mit Massivholz, sind: seine höheren Kosten, niedrige Wasserdampfdurchlässigkeit und höhere Wärmeleitfähigkeit, d. h. höherer Wärmeverlust.

Einige Imkerinnen und Imker in naturnaher Bienenhaltung wollen gern jegliches Metall oder Plastik in ihrem Bienenstock vermeiden. Eisenmetalle könnten die Wahrnehmung des Erdmagnetfeldes der Bienen stören. Während es stimmt, dass Bienen dieses Feld spüren können, ist es nicht bekannt, ob die Nähe zu Stahl Störungen verursacht. Wenn Sie auf der sicheren Seite sein wollen, können Sie Kupfernägel verwenden oder auch Keilzinkung und die Zargenecken verleimen. Um zu verhindern, dass Klebstoffchemikalien mit den Bienen in Kontakt kommen, könnte der Klebstoff bei den äußeren Teilen der Keilzinkverbindung angewendet werden. Eventuelle innere Lücken werden von den Bienen mit Propolis ausgefüllt, einer bräunlichen, klebrigen Substanz, die ihren natürlichen Klebstoff darstellt, wie Mastixharz, und antiseptisch wirkt. Ich habe einige Zargen mit Keilzinkung hergestellt. Es ist zeitaufwendig, erfordert große Genauigkeit und ein höheres Maß an holzhandwerklichen Fähigkeiten. In der Mehrzahl meiner Bienenkästen verwende ich verzinkte Nägel.

2.1 Warré-Zarge mit keilgezinkter Ecke

Der Einsatz von Kunststoffen im Bienenstock ist verpönt, weil angenommen wird, dass es Substanzen von fragwürdiger Lebensmittelsicherheit freisetzt, die bei der Herstellung lose eingeschlossen werden. Auf Kunststoffe kann man meistens gut verzichten. Kunststoffbehälter sind jedoch einfach zu praktisch, um sie nicht gelegentlich als Futterbehälter zu nutzen. Wenn Kunststoff ein Problem darstellt, sind Keramik, Glas, lebensmittelechter Edelstahl oder Emaille weitere Optionen. Auf Holzschutzmittel wird am besten verzichtet. Ich bestreiche die Außenseite meiner Zargen mit heißem rohem Leinöl in zwei Schichten, mit einer Wartezeit von 24 Stunden zwischen den beiden Anstrichen. Einige mischen Bienenwachs in das Öl, z. B. 25 g Wachs auf 500 ml Öl. Beachten Sie die Brandschutzvorkehrungen in Bezug auf heißes Öl und die Aufbewahrung von Lappen/Bürsten, mit denen es aufgetragen wird. Manche bevorzugen Tungöl. Ich verwende Außenfarbe auf den Dächern. Wenn Sie ökologische Farbe erhalten können, umso besser. Ich verwende nichts auf den Böden, Kissen oder den Beutenständern. Sogar der Beutenständer, der am anfälligsten für Fäulnis ist, wird von Bienen aufgesucht. Ich betrachte meine Ständer, die alle aus recyceltem Holz hergestellt sind, als Wegwerfartikel. Haltbarere Ständer könnten aus zwei Betonblöcken bestehen, die auf einer Pflasterplatte ruhen, wobei vorzugsweise alle drei Elemente wiederverwertet sind.

Andere verwendete Materialien werden besprochen, sobald sie vorkommen. Die unten dargestellten Zeichnungen basieren so genau wie möglich auf denen, die Warré (1948) in der 12. Auflage von *Bienenhaltung für alle* veröffentlichte.

In Kapitel 2.2.9 gibt es Darstellungen zur Herstellung einer Zarge mit einem Fenster nach Frèrès' und Guillaumes Abänderung von Warrés Bienenbeute.[14] Ich füge diese Zargenvariante bei, da viele Imkerinnen und Imker, besonders

Anfänger, es hilfreich finden, den Fortschritt bei der Volksentwicklung zu überwachen. Aber das Hinzufügen von Fenstern vergrößert die Komplexität, die Kosten und den Verbrauch von Ressourcen. Es erfordert Sorgfalt bei der Konstruktion und Verwendung, um die Wärmeleistung des Bienenstocks nicht zu beeinträchtigen, z. B. aufgrund von Materialverwerfung oder Störungen der Wintertraube.

Die hier gezeigten Baupläne basieren auf Zargen mit 20 mm dickem Holz, das Minimum, das Warré als ausreichend ansah. Er empfahl jedoch 24 mm für eine verbesserte Stabilität. Wandstärken von 38 mm und 50 mm werden in kälteren Klimazonen verwendet. Solche Kästen sind schwer. Jede Änderung der Zargenwandstärke sollte im Idealfall die Innenmaße von 300 × 300 × 210 mm behalten. Das erfordert, mit Ausnahme der Beine alle Teile des Bienenstocks in der Größe entsprechend anzupassen.

## 2.2 Konstruktion

### 2.2.1 Die Beute

Die Beute umfasst zwischen zwei und fünf (selten sechs) gestapelte Zargen, jeweils mit Griffen und acht Oberträgern versehen, wobei die unterste Zarge auf einem einfachen Boden ruht (Bodenbrett), welcher eingeschnitten ist, um einen Eingang unter dem Zargenrand zu ermöglichen. Die Oberträger der obersten Zarge, d. h. Zarge 1,[15] sind mit einem maßgenauen Abdecktuch bedeckt, auf dem ein holzgerahmtes Kissen (*coussin* im Original) ruht. Auf dem Kissen steckt das Trauf- und Satteldach, dessen unterer Rand ca. 20 mm unterhalb der Fuge zwischen dem Kissen und der obersten Zarge liegen muss, um Regen abzuhalten. Es gibt keinen direkten Luftzugang von der obersten Zarge zu den Lüftungsschlitzen unter dem Dach. Das Kissen ist mit pflanzlichem Isoliermaterial gefüllt. Manche nutzen Wolle oder Vermiculit. Neben dem oberen Abdecktuch gibt es ein unter dem Kissen befestigtes Tuch, um dessen Inhalt zu halten.

### 2.2.2 Die Bienenstockkästen und die Oberträger

Der Grundkasten (Zarge) besitzt eine Stoßverbindung an den Ecken. Das Nageln mit sieben verzinkten Nägeln 65 × 2,65 mm ergibt eine feste Verbindung. Es genügen auch vier Schrauben gleicher Länge. Kleben ist nicht notwendig. Offensichtlich ergibt eine Halbüberlappungs- oder Keilzinkenverbindung einen stabileren Kasten, obwohl dies die Komplexität erhöht. Jeder Spalt wird von den Bienen abgedichtet. Allerdings hilft es, wenn die Zargen von Anfang an aufeinandersitzen, ohne zu sehr zu wanken. Schmale Lücken werden sowieso von den Bienen propolisiert. Benutzen Sie während der

2.2 Die Volksbeute (Explosionsansicht)

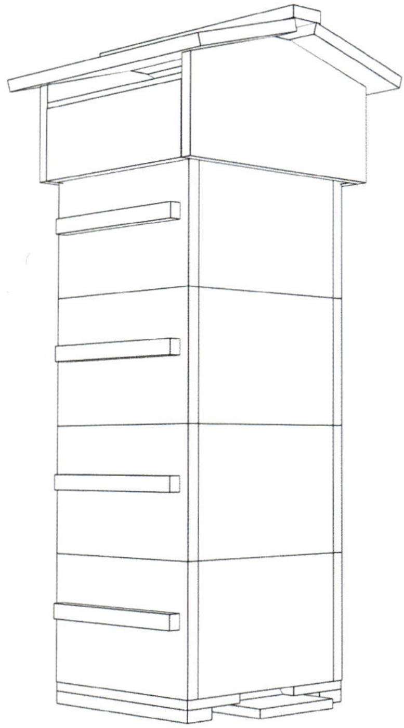

2.3 Die Volksbeute

gesamten Montage ein Winkel-Werkzeug. Im Zweifelsfall Nägel zunächst nur teilweise einschlagen. Um eventuelle Krümmungen der Bretter auszugleichen, orientieren Sie sich an den auf dem Hirnholz sichtbaren Jahresringen und legen Sie die Seite des Brettes, die näher an der Außenseite des Baumes lag, an die Innenseite der zu nagelnden Verbindung.

Warré legte die Größe der Griffe nicht fest, aber Leisten von 300 × 20 × 20 mm, mit drei Nägeln befestigt und geklebt, haben sich in der Praxis gut bewährt, auch beim Anheben der gesamten Beute mit den Griffen der untersten Zarge. Ich schräge die Oberseiten der Leisten an, damit Regenwasser ablaufen kann.

Der Abstand zwischen allen Oberträgern sowie zwischen den äußeren Oberträgern und den Wänden beträgt 12 mm. Das Schneiden der Falze zum Tragen der Oberträger kann einen Holz-Heimwerker vor Probleme stellen. Normalerweise würden Falze mit einer Tischkreissäge, einer Oberfräse, einem Falzhobel oder sogar mit einer Handsäge geschnitten werden, vorausgesetzt, dass eine Führung am Holz angebracht ist. Da ihre Tiefe jedoch nur 10 mm beträgt, können sie auch mit einem Holzbearbeitungsmesser (z. B. Stanley) unter Nutzung eines Stahllineals als Führung geschnitten werden. Machen Sie mehrere Schnitte mit zunehmender Tiefe durch das Holz. Das Vermeiden von Falzungen zugunsten der Platzierung der Oberträger auf Latten, eine von Warré vorgeschlagene Alternative, ist nicht empfehlenswert, da es späteres Wabenziehen, z. B. aufgrund behördlicher Inspektionen, extrem schwierig macht.

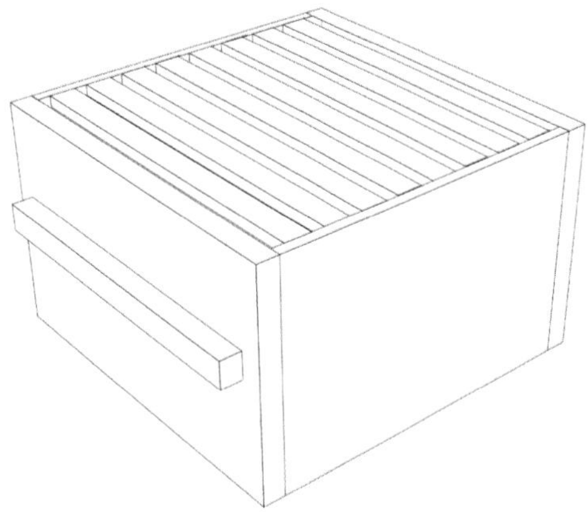

2.4 Zarge

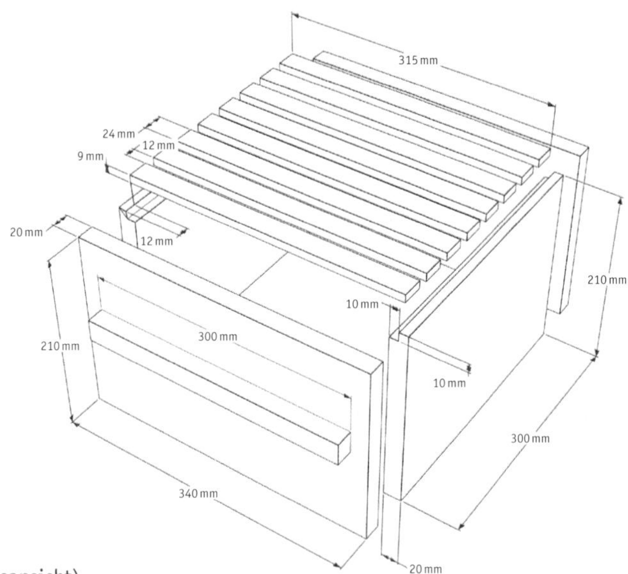


2.5 Zarge (Explosionsansicht)

Jean-Francois Dardenne hat vorgeschlagen, Falze an der Ober- und Unterseite der gleichen Wände anzubringen. Die Idee dahinter ist, dass beim unteren Rand einer Zarge das Propolisieren an den Enden der Oberträger der darunterliegenden Zarge verhindert wird. Ich verwende solche doppelten Falze bei allen meinen Zargen.

Warré gibt die Länge der Oberträger mit 315 mm an. Werden diese auf annähernd 320 mm verlängert, dann reichen sie bis an den Falz heran und es entstehen für Schädlinge, wie etwa den Kleinen Beutenkäfer, keine Hohlräume an den Enden, in denen sie sich verstecken können. Beachten Sie, dass die Oberträger etwas dünner als die Tiefe der Falze sind. Dieses Warré-Detail stellt sicher, dass die Zargen flach aufsitzen und keine Oberträger über den Oberrand der Zarge hinausragen, wodurch das Abheben der Zarge erschwert wird.

Oberträger können aus jedem Holz sein, das der Belastung von 2 kg Waben standhält. Ich verwende Verschnitte oder Reste von Kiefer, Lärche, Eiche, Zeder, Mahagoni usw. Eine Tischkreissäge erleichtert das Schneiden erheblich, aber seien Sie gewarnt, dass Imkerinnen und Imker dafür bekannt sind, schlimme Unfälle beim Schneiden von Oberträgern davonzutragen. Oberträger sollten unten rau gesägt bleiben, um durch die Bereitstellung einer unebenen Oberflächenform für das Wachs die Wabenbindung zu erhöhen, aber oben gehobelt werden, um die Bindung an die darüberliegenden Waben zu minimieren. Sollten Ihre Oberträger bereits auf beiden Seiten gehobelt sein, legen Sie eine Handsäge in einen Schraubstock und reiben Sie, Gartenhandschuhe tragend, die Unterseiten der Oberträger über das Schneideblatt hin und her, um eine raue Oberfläche zu erhalten. Nur die Oberseite der Leisten darf mit rohem Leinöl beschichtet werden, welches die Bindung jeglicher darüberliegender Waben verringert. Zwei Anstriche werden empfohlen, zwischen denen mindestens 24 Stunden liegen sollten. Achten Sie darauf, dass das Öl nicht an die Seiten oder Unterseite der Oberträger gerät. Das ist wichtig für das einfache Abheben der Kästen. Es muss einige Tage im Vorfeld der Nutzung gemacht werden, damit das Öl «trocknen» kann. Verwenden Sie kein gekochtes Leinöl, da es manchmal chemische Trocknungsbeschleuniger enthält. Wenn Sie vergessen haben, Ihre Oberträger im Voraus zu ölen, kann eine Last-Minute-Beschichtung mit Vaseline (vom Apotheker) erfolgen. Es sollte sehr dünn in das Holz eingestrichen und der Überschuss abgekratzt oder abgerieben werden. Obwohl auch Warré seinen Einsatz empfiehlt, sollten wir beachten, dass es weniger direkten pflanzlichen Ursprungs ist als Leinöl (Flachsöl) und ebenso weniger essbar. Jedoch in den sehr geringen Mengen, die zum Einsatz kommen, kann es als unbedenklich für den Kontakt mit Honigbienen betrachtet werden.

In extrem kalten Klimazonen mit Schnee auf dem Boden für Wochen oder Monate hat sich die Bereitstellung eines kleinen oberen Eingangs als vorteilhaft erwiesen. Dies könnte gegen Warrés Konzept sprechen, die Wärme im oberen Bereich des Bienenstocks zu bewahren und dort die meiste Zeit eine Abdichtung aufrechtzuerhalten. Wenn die Bienen jedoch anderweitig nicht zum Koten herauskommen können, könnte daraus ein ernsthaftes Gesundheitsproblem entstehen. Der Eingang könnte ein 6 mm tiefer Schlitz sein, der über die Lücke zwischen zwei mittleren Oberträgern an der Vorderseite der oberen Zarge führt oder ein 10-mm-Loch in der Vorderwand von jeder Zarge, das bei Nichtbenutzung verschlossen wird. Abdecktuch, Kissen und Dach werden genauso angebracht. Beim Abheben des Daches wird der größte Teil der Lücke zwischen Dach und Zarge vorn positioniert, wodurch ein geschützter Ausgang etwas über dem unteren Dachrand verbleibt. Andere Anordnungen dieses oberen Eingangs sind denkbar, aber sie beinhalten meistens den Verzicht auf Warrés Kissen. Der obere Eingang kann natürlich jederzeit mit einem Holzkeil von derselben Größe wie der Schlitz verschlossen werden.

### 2.2.3 Wachsen, Lage und Anbringen der Oberträger

Jede Oberträgerleiste hat eine Wulst oder einen Wachsstreifen, der in der Mitte der Unterseite aufgetragen wird, um den Bienen eine Führung beim Anlegen der Waben vorzugeben. Ohne Wabenführung (Starterstreifen) würden die Bienen unter den Leisten die Waben in ihrem selbst gewählten Winkel und Abständen bauen, welches das Wabenziehen mit den Oberträgern unmöglich macht. Anfänger werden Bienenwachs vom lokalen Baumarkt, holzverarbeitenden Anbietern, Kerzengeschäften oder anderen Imkern erhalten. Da es sehr wahrscheinlich mit Pestiziden einschließlich Akariziden (Mitiziden) belastet ist, wäre es wünschenswert, es von einem Imker zu beziehen, der seine Bienen biologisch hält. Da jedoch relativ wenig verwendet wird, verglichen mit den Mengen, die bei den Mittelwänden in den Rähmchenbeuten zum Einsatz kommen, können Sie ziemlich sicher normales Bienenwachs nehmen, wenn Sie kein Wachs aus biologischer Imkerei bekommen. Einige bevorzugen es, einen Nutschnitt unten in der Mitte ihrer Oberträger zu haben, um eine bessere Fixierung für die Wachsführung zu erhalten. Diese von Frèrès und Guillaume empfohlene Änderung ist nicht notwendig.

Für das Wachsen der Oberträger benötigen Sie eine Heizquelle, einen Topf mit Wasser, der als Bain-Marie fungiert, eine gebrauchte Lebensmitteldose, in der sich das Wachs befindet, einen alten Teelöffel und eine Schablone. Die Schablone ist ein Holzstück von der Länge eines Oberträgers und einem Querschnitt von 15 × 24 mm. An einer seiner breiteren Seiten werden zwei Stifte oder kleine Nägel in der Nähe der Enden und halber Breite eines Oberträgers von einer Seite angebracht. Lassen Sie etwas kaltes Wasser in das Waschbecken laufen und legen Sie die Schablone zum Einweichen hinein. Schmelzen Sie das Wachs in der Bain-Marie. Wenn das Wachs geschmolzen ist, erwärmen Sie den Löffel darin. Schütteln Sie jedes überschüssige Wasser von der Schablone und mit der Unterseite des Oberträgers nach oben, platzieren Sie die Schablone

2.6 Wachsgeräte

darauf, wobei die Stifte an der Kante der Oberträgerleiste anliegen, um den Rand der Schablone mit der Mitte des Oberträgers auszurichten (Abb. 2.7). Die Mitte des Oberträgers darf nicht mit Wasser benetzt werden, da sonst das Wachs nicht haften wird. Halten Sie die zwei Holzstücke so, dass sie eine V-förmige Mulde bilden, die leicht zu einem Ende geneigt ist, wobei die Schablone die Oberfläche bereitstellt, auf der der größte Teil des Wachses abgelagert wird. Löffeln Sie das Wachs in die Mulde, besonders gegen die Schablone, und lassen Sie das Wachs die Neigung entlang der Oberträgerleiste hinunterlaufen. Auf diese Weise je nach Bedarf mehr Wachs löffeln und auf der Schablone einen dünnen Wachsfilm von etwa 2–5 mm an der Basis des Oberträgers auftragen. Die Höhe des Wachsfilms kann bei seitlicher Betrachtung zwischen etwa 5 mm und der Breite der Schablone liegen.

Wenn das ganze Wachs ausgehärtet ist, meist innerhalb weniger Sekunden, entfernen Sie die Schablone vorsichtig und eine wellenförmige Wand aus Wachs wird hinterlassen, die mit der Mitte des Oberträgers ausgerichtet ist. Kratzen Sie jegliches Wachs innerhalb von 10 mm von den Enden ab, damit die Leisten richtig in den Kastenfalzen sitzen. Wiederholen Sie den Vorgang mit allen acht Oberträgern für jede vorzubereitende Zarge.

Für eine große Anzahl Oberträger hat es sich bewährt, das geschmolzene Wachs in einem zusammendrückbaren Spülmittelbehälter aufzubewahren, der bei Nichtgebrauch in der Bain-Marie steht. Das Wachs ist dann leicht mit der Spritzöffnung herausdrückbar. Eine einfachere Alternative dazu ist ein an einem Ende verengtes und als Pipette genutztes Wasserrohrstück aus Kupfer. Das verengte Ende wird in das Wachs eingetaucht und der Zeigefinger auf das andere Ende gelegt. Das Wachs läuft in kontrollierter Weise aus der Pipette auf den Oberträger, je nachdem, wie weit der Zeigefinger losgelassen wird.

2.7 Oberträger wachsen

2.8 Oberträger mit Wachsstarterstreifen

Warré empfiehlt, die Oberträger im Abstand von 36 mm zum Zentrum mit kopflosen Glaserstiften anzubringen. Die vorgeschlagenen tatsächlichen Größen und Abstände sind in Abbildung 2.5 angegeben. Ich folge Warrés Rat, außer dass ich Rähmchen-Drahtstifte[16] verwende. Ich schlage sie etwa 15 mm ein, schneide die Köpfe ab (Augen schützen!) und hämmere sie bündig. Verwenden Sie keine Nägel, da es das Ziehen der Oberträger erschwert. Um den genauen Abstand zu erreichen, verwende ich zwei Schablonen für den Abstand zwischen den Oberträgern, so wie in Abbildung 2.9 gezeigt. Eine Karton- oder Papierschablone ist einfacher herzustellen. Einige platzieren die Träger sogar nach Augenmaß!

Ich befestige Oberträger in dieser Art, um die ganze Zarge einbaufertig zu haben, wenn sie zum Bienenstock kommt. Es vermeidet auch das Risiko, dass Oberträger und Waben der unteren Zarge ungewollt angehoben werden, wenn eine darüberliegende Zarge entfernt wird. Das Nageln der Oberträger erschwert jedoch das Ziehen der Waben bei den seltenen Kontrollen. Darüber hinaus möchten Sie vielleicht die Oberträger zu einem späteren Zeitpunkt anbringen, da eine Methode zum Einlogieren von Versandbienen in den Stock (Kapitel 6.2.1.1) darin besteht, zwei Zargen ohne feste Oberträger zu verwenden

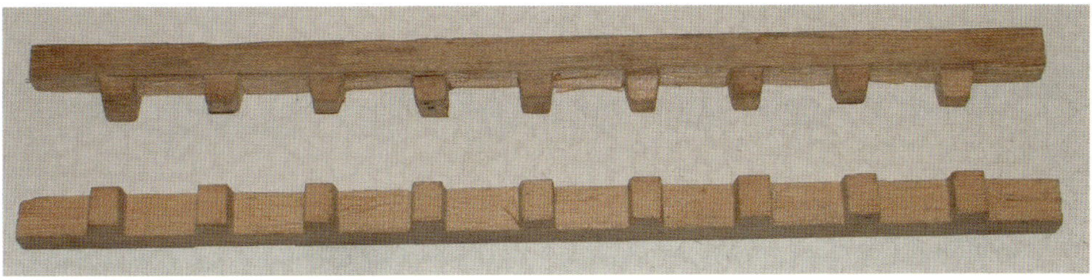

2.9 Schablonen für den Abstand zwischen den Oberträgern

und sie erst später zu positionieren. Manche befestigen ihre Oberträger am Platz weniger fest mit geschmolzenem Bienenwachs. Andere schneiden Schlitze oder bohren kleine Löcher in die Trägerenden, die über kopflose Nägel passen, die genau in den Falzen positioniert sind. Zinnenförmige Abstandshalter aus Metall werden auch verwendet. Diese sind bereits passend für Warré-Beuten erhältlich. Streichhölzer, die in Löcher gesteckt werden, die in die Falze gebohrt wurden, sind eine weitere Möglichkeit, den Abstand zwischen den Oberträgern genau zu halten. Selten sind Oberträger gar nicht gesichert, obwohl die Bienen nach kurzer Zeit dafür sorgen, dass die Träger fest an ihrem Ort propolisiert sind. Das Risiko, die Oberträger im Voraus nicht zu befestigen, besteht darin, dass, wenn der Bienenstock kurz nach dem Aufsetzen einer neuen Zarge gestört wird, sich die Träger verschieben können. Es ist eine gute Idee, alle Zargen komplett mit Oberträgern vor dem Gebrauch zu wiegen, damit diese Gewichte beim späteren Gewichtabschätzen berücksichtigt werden können (Kapitel 9.3).

2.10 Abnehmbare Oberträger mit Fixierstiften (Foto: Larry Garrett)

### 2.2.4 Das Abdecktuch und seine Leimung

Ein geeignetes Material für das Abdecktuch der Oberträger sowie auch für das Haltetuch für den Inhalt des Kissens ist Sackleinen, ein grob gewebter Stoff aus Jute, der traditionell für Säcke verwendet, z. B. Erdnusssäcke (Tierhandlungen) oder Kaffeebohnensäcke, und falls notwendig gewaschen wird. Benutzen Sie auf jeden Fall Säcke in Lebensmittelqualität, da andere behandelt sein können. Sackleinen von Stoff-, Dekorations- und Polsterläden sollte ebenfalls behandlungsfrei sein. Strapazierfähiger, aus Baumwolle gefertigter Canvas-Stoff, z. B. traditionelles Segeltuch, ist eine zufriedenstellende Alternative und muss nicht geleimt werden. Canvas könnte einen kleinen Nachteil darin haben, dass er keine kleinen Löcher besitzt, in die die Bienen propolisieren oder entpropolisieren können, um die Belüftung zu kontrollieren, ein Vorgang, den sowohl Warré als auch Frèrès und Guillaume beobachtet haben wollen. Ich habe es jedenfalls noch nicht bei meinen Abdecktüchern aus Sackleinen festgestellt.

Einige Imkerinnen und Imker verwenden gewebte Polypropylen-Folien, die für verschiedene Anwendungen benutzt werden, wie z. B. als Bodenabdeckung, Baustofftaschen, Säcke usw. Obwohl dieses Material atmungsaktiv ist, d. h. ziemlich dampfdurchlässig aufgrund seiner gewebten Beschaffenheit, bedeutet dies die Einführung von Kunststoff von fragwürdiger Lebensmittelverträglichkeit in den Bienenstock.

Gelegentlich fressen Bienen kleine Löcher in Sackleinen-Oberträgertücher, selbst wenn sie ordentlich eingeleimt wurden, wie es Warré empfiehlt. Ich habe es selten bemerkt und wenige Berichte von anderen darüber erhalten. In nur einem Fall fraßen sich die Bienen durch beide Tücher, und es wurde gesehen, wie der Isolierfüllstoff des Kissens aus dem Flugloch gezogen wurde! Wenn Ihre Bienen besonders dazu neigen, das Oberträgertuch durchzubeißen, müssen Sie möglicherweise auf die oben genannte Polypropylen-Folie zurückgreifen oder besser noch auf strapazierfähiges Fliegengitter aus Kunststoff, das in Baumärkten erhältlich ist. Tatsächlich ist es dieses und nicht Sackleinen, was Jean-Claude Guillaume in seinem in Frankreich unter Warré-Imkern einflussreichen Buch empfiehlt.[17]

Warré rät dazu, das Abdecktuch nach dem Leimen zu schneiden, um es an den Bienenstock anzupassen. Ich habe festgestellt, dass dies unnötig ist. Mehlkleister wird zur Leimung des Tuches verwendet, um die Bienen daran zu hindern, Löcher hineinzubeißen. 125 g Vollkornmehl, vorzugsweise Roggen, und 10 g Kleider-/Wäschestärke (z. B. Maisstärke) in einem Topf mit 1,5 l kaltem Wasser einrühren, bis es sich gründlich und ohne Klumpen verteilt hat. Unter Rühren zum Kochen bringen. Wenn die Flüssigkeit eindickt wie Soße, dann abkühlen lassen. Legen Sie die Tücher auf eine nicht absorbierende Oberfläche. Den Kleister auf beiden Seiten mit einem Pinsel oder den Fingern auftragen und in die Fasern einarbeiten. Ich finde, diese Menge reicht für 18 Tücher.

2.11 Leimen eines Oberträgertuchs

Platzieren Sie die nassen Tücher zum Trocknen auf eine nicht absorbierende Oberfläche. Sie trocknen über Nacht im Haus und vielleicht innerhalb weniger Stunden in der Sonne.

Im trocknen Zustand sind die Tücher von der Leimung normalerweise so steif, dass sie bei leichter Wölbung horizontal gehalten werden können. Obwohl die Leimung nach dem Trocknen nicht sichtbar ist, wurde gesagt, dass Mehlkleister keine natürliche Sache ist, um ihn mit einem Bienenvolk in Kontakt zu bringen. Ich habe die Alternative des Einweichens des Oberträgertuchs in Bienenwachs vorgeschlagen, obwohl ich es nicht selbst versucht habe.

### 2.2.5 Das Kissen

Das Quadratmaß von Warrés Kissen betrug 335 mm, um die Arbeit zu erleichtern. Ich stelle meine Kissen in derselben Größe wie die Zargen her und befestige das Tuch an seiner Unterseite mit Klammern oder Reißnägeln. Larry Garrett (Indiana) empfiehlt, dass das Anbringen des Sackleinens (Jute) an den äußeren Seiten der Kissenbox eine Belüftungsfunktion erfüllt und dass der Schuss- und Kettfaden des Sackleinengewebes einen Kapillardocht bereitstellt, der von jeder Ecke des Tuches zu jeder der vier Außenseiten des Bienenstocks reicht. Das Tuch braucht keine besondere Vorbehandlung.

Manchmal ersetze ich das befestige Kissentuch durch einen Beutel, der locker mit Isoliermaterial gefüllt ist. Der Beutel kann dann zum Installieren eines kleinen Futterbehälters in den Kissenrahmen angehoben und danach wieder angebracht werden, um über und um ihn herum die Wärme zu halten. Die Wandstärke des Kissens könnte lediglich 10 mm betragen, da es nur das Dach trägt. Die darin enthaltene pflanzliche Isolierung kann gehäckseltes Stroh, Holzspäne, getrocknete Blätter, Papierschnipsel usw. sein. Zwei Warré-Nutzer in den USA haben festgestellt, dass bei einem Problem mit Ameisen am Bienenstand die Späne der Östlichen Rotzeder diese aus dem Kissen heraushalten.

In den extrem kalten Gegenden Kanadas wurde das Kissen des Warré-Modells als ungeeignet verworfen. Die Sorge ist, dass, da die Temperatur für viele Wochen unter –20 °C bleibt und manchmal –35 °C erreicht, sich Kondenswasser vom Verzehr und Stoffwechsel von Honig bilden könnte und im Kissen gefriert und dann bei Tauwetter im Frühling auf die Bienentraube tropft. John Moerschbacher, der vor Kurzem von Alberta nach British Columbia gezogen ist, hat daher das Kissen durch einen Fütterer aus Holz mit zentralen Zugangslöchern zum Behälter ersetzt. Jeglicher eintretender Wasserdampf kondensiert unter dem Dach und sammelt sich dort und stellt den Bienen einen Wasservorrat zur Verfügung, falls sie diesen zum Verdünnen des Honigs während des Nestaufbaus im zeitigen Frühjahr benötigen.

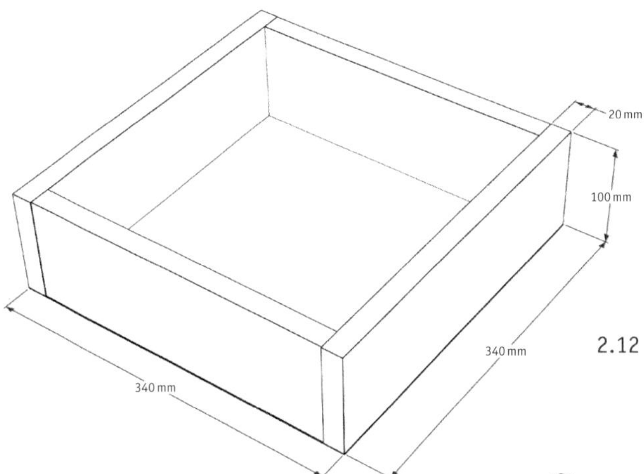


2.12 Kissen

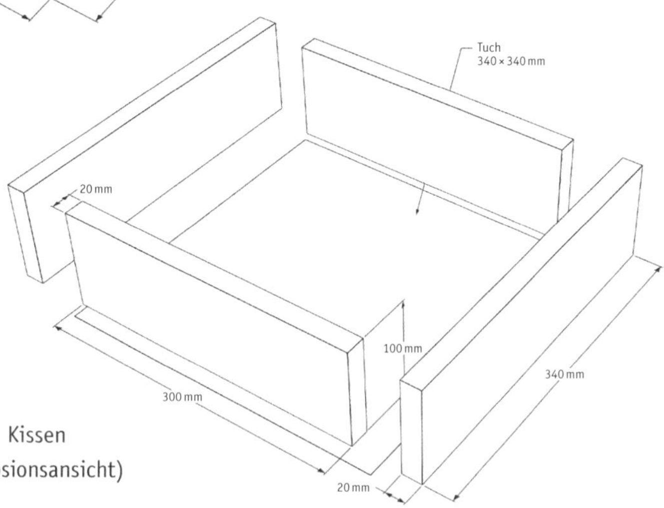


2.13 Kissen (Explosionsansicht)

### 2.2.6 Das Dach

Dieses ist die kompliziertere der beiden Dachausführungen, die Warré in *Bienenhaltung für alle* vorgestellt hat. Es besitzt einen belüfteten Hohlraum unmittelbar unter den Dachoberseiten. Dieser dient dazu, die Sonnenwärme abzuleiten. Innen befindet sich ein Abdeckbrett (oder «Mausbrett»), welches auf dem Kissen aufliegt. Somit gibt es normalerweise keinen Luftzug vom Kissen zum belüfteten Dachhohlraum. Das Brett kann hergestellt werden aus einer Reihe von Reststreifen bis 13 mm Dicke. Einige Warré-Nutzer haben unter dem Mausbrett gelegentlich Kondenswasser festgestellt. Holzleisten erlauben dem Wasserdampf, durch die Spalten zu entweichen. Bei Verwendung eines soliden Einzelbrettes denken Sie darüber nach, ein paar Dutzend 3-mm-Löcher darin zu bohren.

Das hier angeführte Beispiel verwendet 20 mm Holz für den äußeren Bau. Dies basiert auf Warrés Plänen. Holz von 13 mm Stärke würde vollkommen ausreichen, und das Dach wäre leichter abzuheben. Es gibt 10 mm Spiel zwischen den Innenwänden des Daches und den Außenseiten des Kissens, um das Anbringen und Abheben des Daches zu erleichtern.

Ich lege einen Ziegel oder einen Stein auf die Dächer meiner Bienenstöcke.

Wenn dünnes Holz, das sich eher verzieht, für die geneigten Bretter verwendet wird, können sie von ihrer Unterseite zum Firstbrett genagelt werden, indem Sie die drei Teile auf den Kopf stellen, mit Holzstücken, die geeignet positioniert sind, um die Bretter ungefähr im richtigen Winkel zu halten. Diese Einheit aus drei Brettern wird dann auf die Giebelenden genagelt. Das Annageln der schrägen Bretter an das Firstbrett dient der besseren Abdichtung gegen strömenden Regen.

Abbildung 2.15 zeigt einen Schnitt durch das Kissen innerhalb des Daches. Beachten Sie, dass der untere Rand des Daches bis unter die Verbindungsstelle ragt, in der sich das Oberträger-Abdecktuch und das an der Unterseite des Kissens befestigte Tuch befinden. Das hält Regenwasser davon ab, in diese Verbindung zu gelangen und das Abdecktuch und Kissen zu durchnässen.

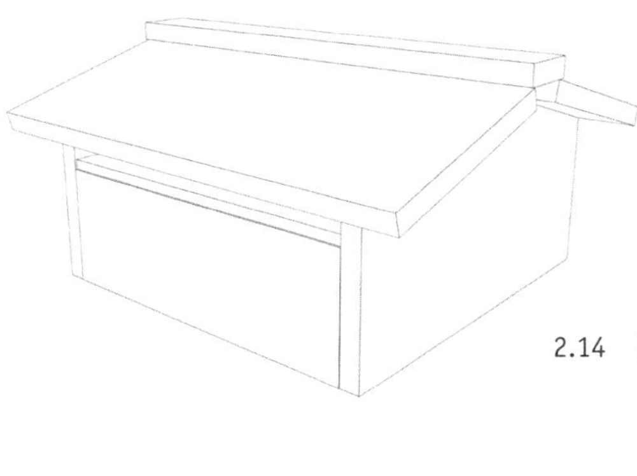

2.14 Dach

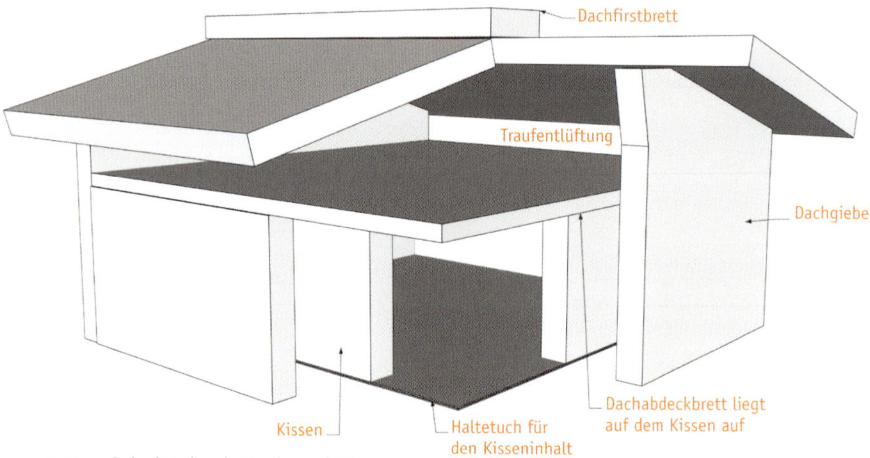


2.15 Schnitt durch Dach und Kissen

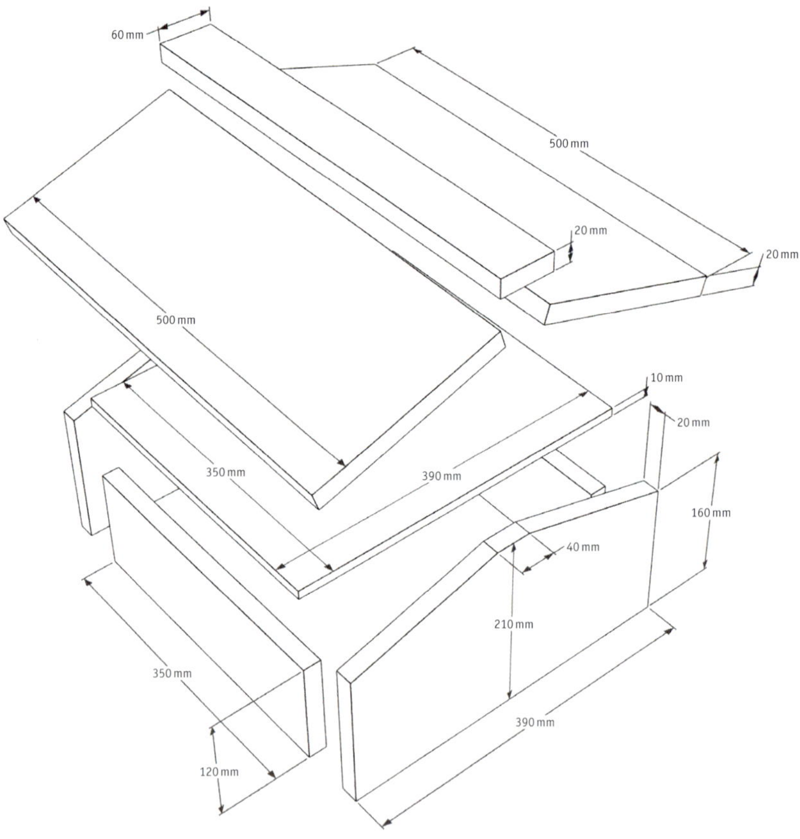


2.16 Dach (Explosionsansicht)

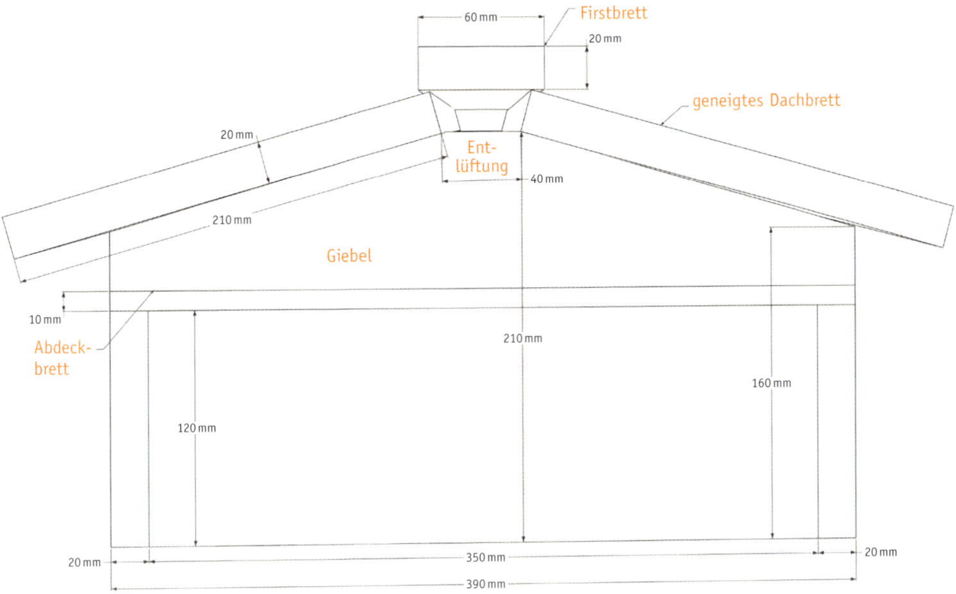


2.17 Dachgiebel Aufriss

### 2.2.7 Der Boden (Bodenbrett)

Warré empfahl 15–20 mm für die Stärke des Bodens. Er gab keine Anweisung für die Dicke der Latten darunter.

Die Einkerbung im Boden dient als Eingang und ist 40 mm tief (von vorn nach hinten) bei Stockwänden von 20 mm Dicke. Falls erforderlich, kann das Anflugbrett bis zur Hinterseite des Bodens reichen, um diesem zusätzliche Stabilität zu verleihen. Ich bevorzuge, bei meinen Anflugbrettern eine Neigung zu hobeln, um Regenwasser ablaufen zu lassen.

Beachten Sie, dass der Boden im Vergleich zur Zarge in beiden horizontalen Richtungen 2 mm schmaler ist. Warré empfahl dies, um das Abfließen des Regenwassers zu ermöglichen.

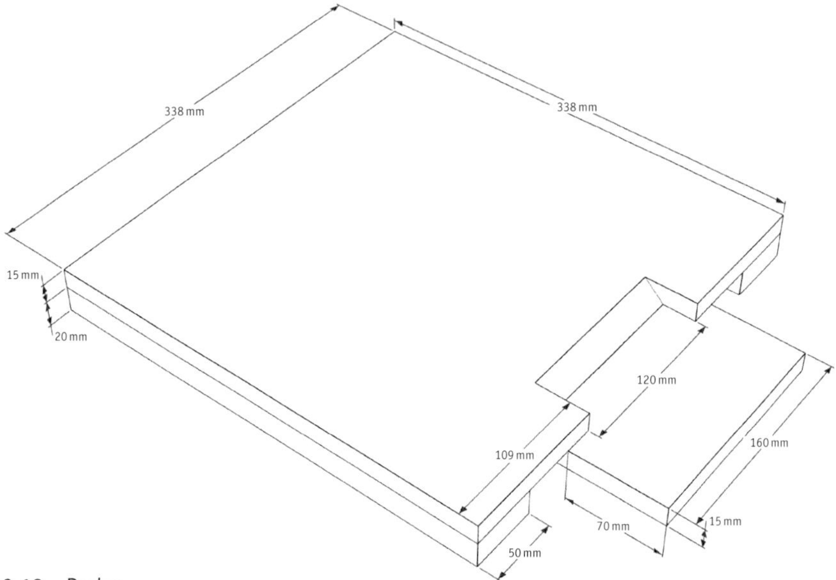


2.18 Boden

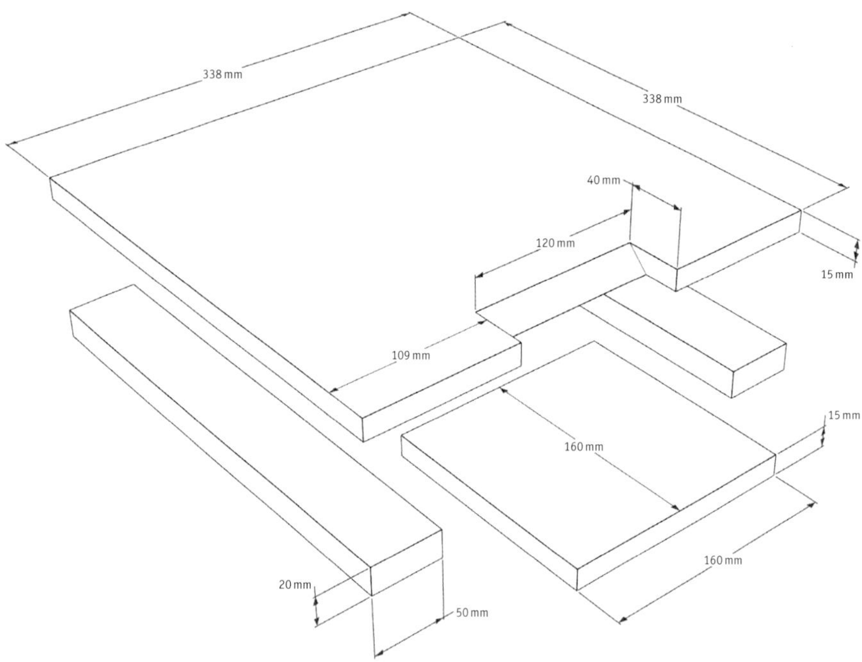


2.19 Boden (Explosionsansicht)

### 2.2.8 Die Beine

Das Bein hat einen breiten angebrachten Fuß, um zu verhindern, dass der Bienenstock in den Boden einsinkt und möglicherweise umkippt. Weiterhin ergibt sich ein Überstand von 20 oder 30 mm außerhalb der Standfläche des Bodens, wodurch die Stabilität erheblich erhöht wird. Einige Warré-Bienenstöcke stürzten aufgrund ungeeigneter alternativer Ausführung von Beinen/Füßen oder Ständern um. Wenn ein separater Ständer aus Holz oder Betonblöcken besteht, sollte darauf geachtet werden, dass sich seine äußeren Ecken ein wenig außerhalb der Grundfläche befinden.

Die Höhe der Beine setzt das Flugloch der Warré-Beute relativ nah am Boden, im Vergleich zu den meisten Bienenbeuten. Warré erachtete jedoch ein niedrig gelegenes Flugloch als wichtig (*Bienenhaltung für alle*, S. 70–73).

In Abbildung 2.20 ruht auf dem rechten Pfeiler des Beins die Unterseite des Bodens. Der abgewinkelte linke Pfeiler wird von beiden Seiten mit insgesamt vier Nägeln seitlich an den Boden genagelt. Der Höhenunterschied des rechten und linken Pfeilers beträgt 25 mm, was für die oben gezeigte Gesamtstärke der Bodenecke von 35 mm passt. Wenn die Bodenecke von der Stärke weniger als 25 mm beträgt, dann sollte der rechte Pfeiler entsprechend verlängert werden. Die Füße bilden ein Windradmuster (Katharinenrad), das die Stabilität erhöht.

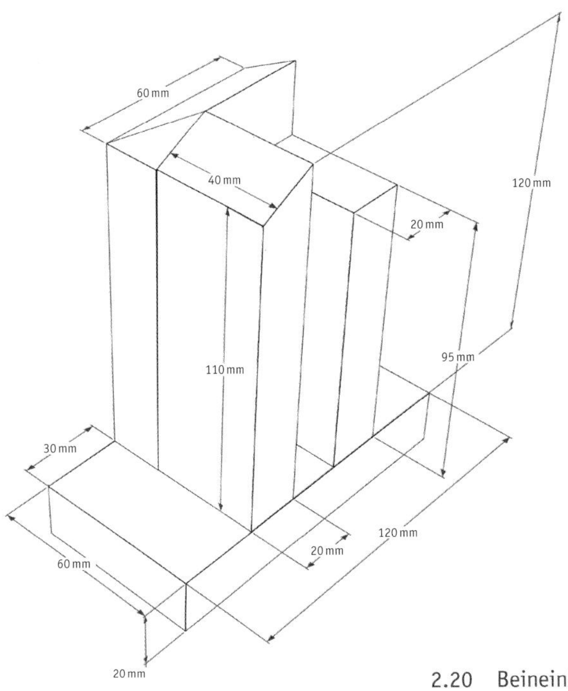


2.20 Beineinheit

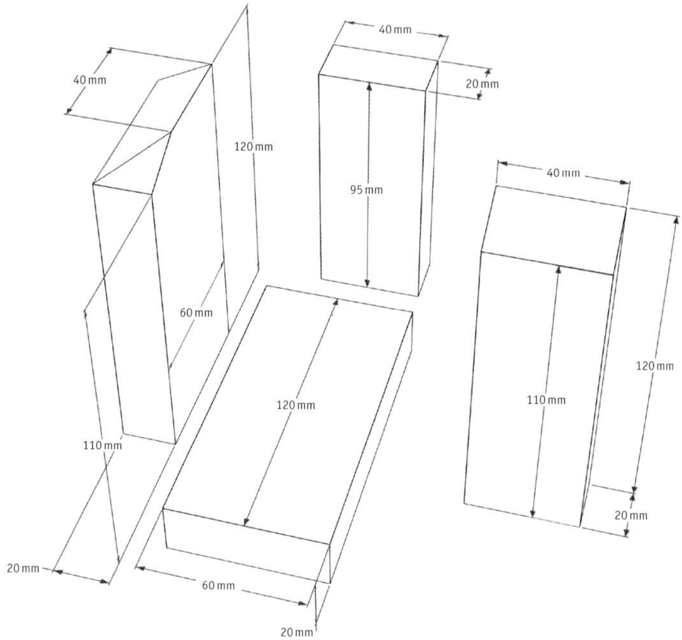


2.21 Beineinheit (Explosionsansicht)

## 2.2.9 Zarge mit Fenster und Klappe

Warré-Zargen mit Fenster sagen besonders Anfängern zu, aber sobald man sich an die Dynamik des Warré-Stocks und an andere Arten der Überwachung des Entwicklungsfortschritts gewöhnt hat, scheinen Fenster weniger notwendig zu sein. Diese Abänderung von Warrés Zargen basiert auf dem Entwurf von Frères und Guillaume.[18] Sie stützen einige ihrer Entscheidungen zur Betriebsweise auf das, was durch die Fenster auf der Rückseite des Bienenstocks sichtbar ist. Wenn sie beispielsweise beobachten, dass im oberen Bereich der obersten Zarge fast kein Honig mehr vorhanden ist, sind die Bienen möglicherweise kurz vor dem Hungern. Das Fenster hilft bei der Überwachung des Wabenwachstums. Ist eine Zarge jedoch einmal ausgebaut, gibt es im Allgemeinen durch das auf der Rückseite angebrachte Fenster wenig zu beobachten, wie es normalerweise der Fall ist. Gelegentlich sieht man dort die Königin, und bei einer Gelegenheit konnte ich zuschauen, wie einige Arbeiterinnen einer kürzlich geschlüpften «Prinzessin» halfen, ihre Schwestern in den Zellen abzustechen.

Anstelle von Fenstern, die die Kosten und Komplexität des Bienenstocks erhöhen, könnten Sie Löcher von etwa 25–50 mm am unteren Rand der

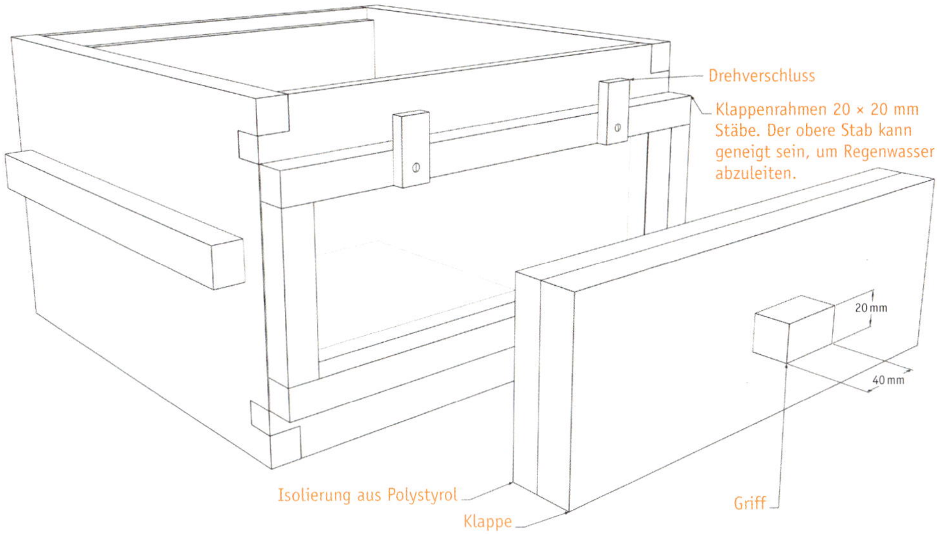


2.22 Zarge mit Fenster und Klappe

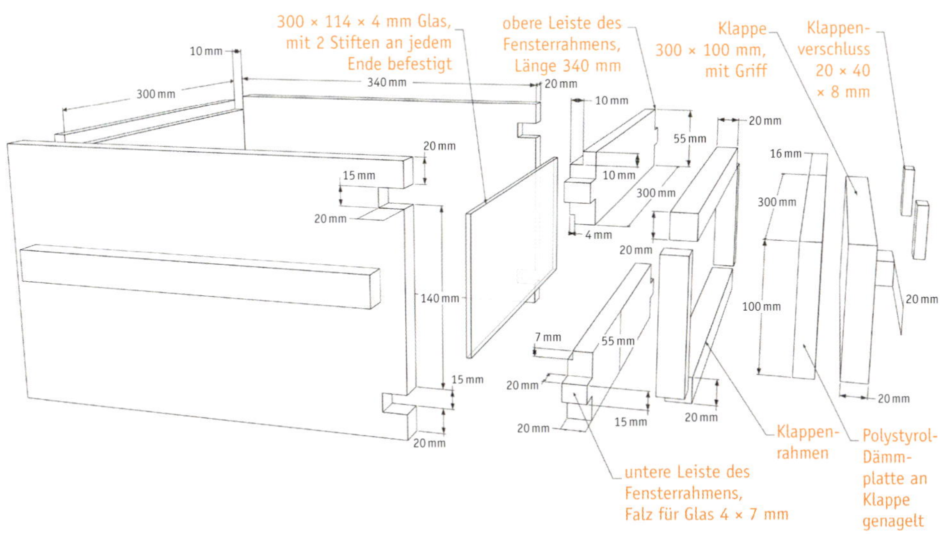


2.23 Zarge mit Fenster und Klappe (Explosionsansicht)

Vorderseite einer jeden Zarge bohren. Diese können mit einem Stöpsel oder Schiebedeckel verschlossen werden, wenn sie nicht gebraucht werden. Einige Warré-Imker verschließen sie mit einer drehbaren Eingangsscheibe aus Plastik, die auch ein Absperrgitter für die Königin sowie ein Lüftungsgitter enthält (im Bienenhandel erhältlich). Diese Löcher stellen zusätzliche Eingänge zur Verfügung, die in einigen Gegenden als Bereicherung empfunden werden. Bedenken Sie jedoch, dass jeder Extraeingang eine zusätzliche Menge an Wächterbienen benötigt.

Die Fensterklappenisolierung sollte rundum bündig am Glas mit dem kleinsten Spalt anliegen, damit leichtes Abnehmen möglich ist. Die Tiefe des Hohlraums stimmt genau mit der Tiefe der Klappe plus Isolierung überein. Um ein Verklemmen der Holzteile der Klappe unter feuchten Bedingungen zu verringern, kann sie 1 mm oder noch weniger in jede Richtung gefertigt werden. Verzichten Sie im Winter auf das Freilegen der Fenster.

In dieser Ausführung sind die Fensterrahmenleisten mit Schlitz- und Zapfenverbindungen mit den Zargenwänden verbunden. Alternativ sollten die Stoßverbindungen mit drei Nägeln oder zwei Schrauben bei jeder Verbindung zufriedenstellend funktionieren.

## 2.3 Zusatzkästen, abgeänderte Böden, Wannen und Fütterer

Ein Zusatzkasten ist ein Bienenstockkörper beliebiger Größe, von vielleicht ein paar Zentimetern bis zur vollen Standardgröße einer Zarge. Er kann über oder unter dem Brutnest eingesetzt werden, z. B. zum Einbringen von Futterschalen/-gläsern oder Futterteig sowie der Abgabe von Varroa-Behandlungen. Gewöhnlich benutzen Warré-Imker hierfür einen leeren Kissenrahmen ohne das Tuch zum Halten des Füllmaterials.

Manche Warré-Imkerinnen ändern ihre Böden auf verschiedene Arten. Ein Gitternetzboden zur Überwachung der Varroamilben kann eingebaut werden. Da ich nicht gegen Varroa behandle, habe ich schon lange das Zählen von Milben aufgegeben, aber diejenigen, die eine integrierte Schädlingsbekämpfung praktizieren wollen, benötigen möglicherweise einen Gitterboden. Ein Problem mit Gitterböden ist, dass sie Ecken für Wachsmottenlarven erzeugen, an die die Bienen nicht herankommen. In Regionen, in denen der Kleine Beutenkäfer ein Problem darstellt, kann eine Käferfalle in den Boden eingebaut werden.

Eine vielleicht vielseitigere Veränderung ist ein Boden, der mehrere Funktionen in einer einzigen Einheit vereint: 1. hinteres Öffnen; 2. entfernbares Gitter und Einlage zur Varroa-Überwachung; 3. entsprechende Größe, um eine Kamera oder eine Beleuchtung und einen Spiegel aufzunehmen, zur

2.24 Gitterboden mit Schublade

Überwachung der Volksentwicklung; 4. genügend Fläche zum Einsetzen eines Futterbehälters; 5. hinten verschließbar, damit Eindringlinge nicht eintreten können. Dies birgt wiederum die Gefahr, dass sich Wachsmotten ansammeln, und erfordert allerdings, dass das Gemüll in regelmäßigen Abständen entfernt wird, da in so einer Konstruktion die Bienen normalerweise keinen Zugang zur unteren Fläche haben, wohingegen Böden des Warré-Typs von den Bienen grundsätzlich sauber gehalten werden.

Anstelle eines Warré-Bodens auf einem Ständer setzen einige gern den Bienenstock auf eine Kiste, die etwa so tief wie eine Warré-Standardzarge ist, die auf einer Betonplatte sitzt und so eine Wanne bildet. In den oberen Rand des unteren Kastens wird ein Schlitz geschnitten, der als Eingang dient. Es kann ein Anflugbrett angebracht werden oder nicht. Die Idee dahinter besteht in der Schaffung einer inneren Umgebung, die dem unteren Teil einer Baumhöhlenbehausung ähnlich ist. Außerdem fallen Milben weit weg vom Flugbetrieb. Eine Wanne könnte einen rückseitigen Zugang zum Reinigen, Füttern oder Beobachten des Koloniewachstums aufweisen.

Ich habe es niemals für notwendig erachtet, abgeänderte Böden im Dauereinsatz zu haben. Ich kann jedoch feststellen, dass sie die Anzahl des erforderlichen Anhebens des Bienenstocks verringern. Wenn mir der Bienenstock zu schwer wird, um ihn allein zu heben, dann benutze ich einen Gatineau-Heber (Kapitel 4.4).

Da Sie im Voraus planen wollen, sollte ich an dieser Stelle Fütterer erwähnen. Ich werde mich näher damit in Kapitel 11.1 befassen. Warré beschreibt einen Frühlingsfütterer mit geringem und einen Herbstfütterer mit großem Fassungsvermögen. Beide sind aus Holz gefertigt, obgleich unter Hinzugabe eines geeigneten Dichtungsmittels. Bevor Sie Bienen bekommen, wäre es ratsam, über die für Sie besten Alternativen zu entscheiden, was das Füttern betrifft. Der Bienenstock ist in dieser Hinsicht sehr flexibel, und Sie können möglicherweise ganz auf die von Warré beschriebenen Fütterer verzichten. Sie können jedoch die Möglichkeiten überprüfen und, falls erforderlich, im Voraus Ausrüstung bestellen.

Oben: Rückansichten mit abgenommener Klappe

Flugloch[19]

Rückseite geöffnet

Rückseite verschlossen

2.25 Boden mit hinterem Zugang (Fotos: Larry Garrett)

## 2.4 Mäuseschutz und Räubereischutz

Warré empfahl, einen speziellen Fluglochschieber herzustellen, der aus einer Konservendose geschnitten wurde, der als Wintereingang, Mäuseschutz und Räubereischutz dient, abhängig davon, wie er angebracht wird (*Bienenhaltung für alle*, S. 76). Ein Mäuseschutz muss eng genug sein, um nicht den Kopf einer Maus durchzulassen. 7,5 mm wird allgemein als genügend angesehen.

Mein Mäuseschutz besteht aus einem geraden und rechteckigen, 1,5 mm dicken Metall (7,5 × 140 mm) mit einem kleinen Loch, das nahe an jedem Ende gebohrt ist. Zur Montage wird ein 7,5 mm starker Unterlageklotz auf das Anflugbrett aufgelegt und das darauf aufliegende Schutzgitter mit Reißnägeln (Reißzwecken) durch die dafür vorgesehenen Löcher an beiden Seiten des Fluglochs festgesteckt (siehe Abb. 12.1, S. 126).

Alle möglichen Gegenstände können im Notfall als Räubereischutz eingesetzt werden, Kieselsteine, Holzklötze, eine Handvoll Gras usw. Wenn jedoch bei heißem Wetter ein Räubereischutz angebracht werden muss, ist es wahrscheinlich am besten, ihn aus bienen- und wespenfestem Metallgitter zu schneiden (Spalt weniger als 3 mm), damit die Belüftung nicht ernstlich beeinträchtigt wird. Mit dem Gitter kann der Eingang nur eine Biene breit sein.

## 2.5 Ständer und Stabilität

Wenn Sie sich entscheiden, keine Beine an Ihrem Bienenstockboden anzubringen, dann benötigen Sie einen Ständer. Da ein paar Betonplatten genügen, werde ich nicht in Konstruktionsdetails meiner Standaufbauten gehen, bei denen alle vier Beine außerhalb der Ecken des Bodens befestigt sind (Abb. 2.27). Dieses Merkmal bietet auch eine Auflagefläche auf jeder Seite des Bienenstocks für die Füße meines Stockhebers. Ich stelle meine Bienenständer auf recycelten Betonplatten auf. Warré bemerkt: «Ich habe solche Standaufbauten gesehen, deren Holz ausgereicht hätte, um eine doppelwandige Beute zu bauen.»

2.26 Einfacher Beutenständer unter Verwendung von Betonplatten (Foto: Trevor Ray)

2.27 Ein sehr stabiler Beutenständer, geeignet für den Gatineau-Heber (Kap. 4.4)

Diese Kritik wird durch den Einsatz von recyceltem Holz, Resten oder Verschnitt wettgemacht.

Warré bevorzugte es, seine Beutenböden in nur etwa 10–15 cm über dem Erdboden aufzustellen. Meine Böden befinden sich in 30 cm Höhe, und ich habe niemals befunden, dass dies ein Problem darstellt. Nie wurde irgendeine meiner Warré-Beuten umgeweht, obwohl einige fünf Zargen umfassen und Windböen von bis zu 130 km/h erhalten hatten. Im Jahr 2012 blieb ein Warré-Stock in Pennsylvania stehen, der 16 km vom Auge des Hurrikans Sandy entfernt war, obwohl das Garagendach des Nachbarn abgerissen wurde, wohingegen Langstroth-Beuten in der Umgebung nicht so gut weggekommen sind. Ich habe jedoch von drei Vorfällen gehört, bei denen Warré-Stöcke umgeweht wurden, daher lohnt es sich, auf Stabilität und Windfestigkeit zu achten. In Gegenden, die häufig starken Winden ausgesetzt sind, verwenden manche Bienenstockgurte, um die Beute auf dem Ständer (siehe Abb. 2.28) oder gegenüber dem Erdboden zu sichern (siehe Abb. auf S. 2). Wenn ein Bienenstock auf sechs oder mehr Zargen anwächst, sollten Sie ihn besser mit in den Boden eingeschlagenen Pfählen sichern.

2.28 Beutenständer in der Schweiz (Foto: Uli Schläpfer)

Bienenvölker mit voller Volksstärke in einem Warré-Stock sind erstaunlich robust. Eine große Esche fiel bei einem Sturm im Januar 2012 auf meinen Bienenstand. Zwei Beuten wurden von ihr getroffen, eine Beute mit Rähmchen, die andere eine Warré-Beute. Beide wurden von ihren Ständern gestoßen und umgedreht. Die Rähmchen fielen heraus auf den Boden, aber die Warré-Beute blieb mit all ihren Waben intakt, die noch fest an ihrem Platz steckten, und die beiden Zargen hielten aufgrund des Propolis zusammen. Ein Jahr später (2013) ist dieses Bienenvolk noch am Leben.

## 2.6 Rähmchen und Halbrähmchen

Einige Imkerinnen und Imker mögen das schmale Format der Warré-Beute, verlangen jedoch nach Rähmchen oder Halbrähmchen anstelle von bloßen Oberträgern, da vielleicht die Möglichkeit des schnellen Wabenziehens eine Forderung in ihrem Staat bzw. Land ist. Ich habe sogar das Argument gehört, dass das Einrahmen der Waben den Stock bienenfreundlicher macht. Dies gilt möglicherweise nur für diejenigen, die nicht bereit sind, die zusätzliche Sorgfalt aufzubringen, die beim Umgang mit Waben an Oberträgern erforderlich ist.

Ein Bienenstock-Modell mit Rähmchen, welches etwas größer ist, um das zusätzliche Holz unterzubringen, wird in der 5. Auflage von Warrés Buch beschrieben.[20] Ickowicz (Frankreich) verkauft eine Rähmchen-Version der Beute. Halbrähmchen sind ein Kompromiss zwischen Oberträgern und Rähmchen. Die Seitenträger haben etwa die Hälfte der Länge der Seitenträger mit vollem Rahmen, und es gibt keine untere Leiste. Ich benutze keine Rähmchen-Version der Volksbeute, obwohl ich gelegentlich ein paar grob konstruierte Rähmchen verwende, mit wenig Rücksicht auf den Bienenabstand und passend zu meinen Standard-Warrékästen. Diese sind für Bienenvölker, die ich aus Gebäuden gerettet habe. Ausgeschnittene Waben werden in den Rähmchen mit Gummibändern befestigt. Allerdings gehe ich in diesem Buch nicht auf die Rähmchen-Imkerei ein, da es für diejenigen bestimmt ist, die sich naturnahe Waben wünschen.

Roger Delon, der 2007 starb, entwickelte eine Art Kompromiss-Rähmchen, bestehend aus einem Oberträger, der an einem «U»-förmigen Edelstahldraht befestigt ist. Sein Kompromiss lag in der Tatsache, dass Waben über den Draht hinaus bis zu den Stockwänden gebaut werden konnten, wodurch die Nestduftwärmebindung erhalten blieb, aber leichter zu entnehmen waren, ohne zu brechen.

# 3 Aufstellung Ihres Bienenstocks

Machen Sie sich zuerst mit allen Satzungen oder Verordnungen vertraut, die für das Aufstellen von Bienenstöcken gelten. Erwägen Sie dann, Ihre Pläne mit der Familie und Nachbarn zu besprechen. Ich habe einige Nachbarn zu meinem Bienenstand gehabt, die es wirklich liebten, meine Bienen in ihrer Nähe zu haben, und andere, die durch sie verängstigt waren.

Es sollte selbstverständlich sein, dass in der Umgebung genügend Futter vorhanden sein muss. Dies gilt im Allgemeinen im britischen Tiefland, aber im Jahr 2012 stellte sich heraus, dass aufgrund einer Zunahme der Hobby-Imkerei in London und New York die Anzahl der Bienenstöcke Ausmaße erreichte, die nicht durch das verfügbare städtische Futter getragen werden konnte. Bis Oktober 2012 waren es im zentralen London über 3000 Bienenstöcke. Daher ist es für angehende Imker an jedem Ort ratsam, die lokale Völkerdichte und mögliche konkurrierende Imkereien zu überprüfen.

Häufige Standorte sind Gärten, Hinterhöfe, Stadtdächer, Kleingärten, Feldränder (gegen Vieh eingezäunt) und Brachland. Mauern, Zäune, Hecken, Hindernisse und/oder Sichtschutznetze (Windschutz) können den Bienenflug in die gewünschte Richtung lenken und den Stock vor Winden schützen. Die Flugbahn in der Nähe des Fluglochs sollte keine Durchgangswege oder andere Orte kreuzen, an denen Menschen häufig vorbeikommen. Es hilft Ihnen auch, die Aufstellung nicht zu nah an Plätzen vorzunehmen, die viel von Menschen besucht werden, da Sie den Bienenstock vielleicht an einem sonnigen Tag öffnen möchten, gerade dann, wenn alle draußen sind. Wenn der Bienenstock außer Sichtweite ist, besteht zudem eine geringere Chance, zur Zielscheibe von Vandalismus und Diebstahl zu werden.

Hier, im rauen, nassen, windigen, westlichen Wales, besonders mit der langen Folge von bewölkten Sommern, die wir hatten, bevorzuge ich es, meine Bienenstöcke in den sonnigsten verfügbaren Standorten aufzustellen. In wärmeren Klimazonen kann jedoch direkte Sonne, besonders am Nachmittag, das Bienenvolk ernsthaft schädigen. Sorgen Sie an solchen Orten für Voll- oder Halbschatten.

3.1 Warré-Bienenstand an einer Feldecke

Bedenken Sie, dass Brutnester in Baumhöhlen durch eine dicke Wand abgeschirmt und durch Laub bedeckt sind. Aber verfallen Sie nicht in das andere Extrem: Eine feuchte, dunkle, schmutzige Ecke ist nicht gut für die Gesundheit des Bienenvolks. Es gibt einen alten Spruch unter den britischen Imkern: Bienenstöcke, die im Walde stehen, lassen den Imker kaum Honig sehen.[21] Ich habe es nie ausprobiert. Gute Luft- und Wasserableitung sind wünschenswert. Ich habe im Laufe der Jahre von mehreren Fällen von Bienenstockverlusten durch Überschwemmung gehört, daher ist dies auch ein wichtiger Faktor, den es zu berücksichtigen gilt. Meiden Sie ebenso Gebiete mit Frostmulden.

Hinsichtlich der Verfügbarkeit von Wasser muss ich mir persönlich keine Gedanken machen, aber in vielen Teilen der Welt könnte es entscheidend für das Überleben von Bienenvölkern sein. Bienen benötigen Zugang zu Wasser, um Nahrung zu verdünnen und das Volk bei heißem Wetter zu kühlen. Wenn Sie Wasser bereitstellen müssen, achten Sie darauf, dass es nicht ausgeht. Eine Tränke kann jeder mit Kieselsteinen gefüllte Behälter sein, auf dem die Bienen landen können, damit sie nicht ertrinken. Wenn der Wasserstand sinkt, krabbeln sie zwischen den Kieselsteinen herunter. Um Verunreinigung durch Bienenkot zu verringern, setzen Sie den Wasserspender an ein schattiges Plätzchen, gut entfernt von den Beuten und nicht in der Flugbahn der Bienen.

Versuchen Sie, jeden Ihrer Bienenstände auf etwa drei Bienenstöcke zu begrenzen. Dafür gibt es zwei Gründe: Es vermeidet Stress für die Bienen durch übermäßige Nahrungskonkurrenz. Weiterhin ist eine hohe Bestandsdichte mit einem vermehrten Auftreten von Schädlingen und Krankheiten verbunden. Bienen sind in dieser Hinsicht nicht anders. Wenn es in der Nähe einen anderen Bienenstand von bedeutender Größe gibt, dann ziehen Sie in Erwägung, die Anzahl Ihrer Beuten auf weniger als drei zu reduzieren, oder suchen Sie einen anderen Standort.

Bei allen meinen Bienenstockplätzen setze ich mithilfe einer Wasserwaage eine wiederverwendete Gehwegplatte so in den Boden, dass sie nicht nur waagerecht, sondern auch oberseitig auf gleicher Höhe mit der Umgebung liegt. Das ergibt eine sehr stabile Grundlage, auf der der Bienenstand platziert werden kann. Da ich die Bienenstöcke gewöhnlich im Viertel zwischen Osten und Süden ausrichte, um die Bienen mit der Morgensonne zu wecken, muss beim Setzen der Gehwegplatte auf die Ausrichtung geachtet werden. Überprüfen Sie abschließend die Nivellierung des Stands. Ein ebener Bienenstock ist wichtig für gerades Wabenwachstum in Bezug zu den Wänden und vermeidet ein Auslaufen von Futterspendern. Ein paar Unterlegscheiben aus Schiefer oder Glas korrigieren geringfügige Neigungen.

Sie werden auch darüber nachdenken müssen, Ihre Bienen zu sichern. Der Bienenstand sollte gegen grasendes Vieh eingezäunt sein. Schafe könnten sich am Bienenstock scheuern und die Wintertraube stören und sogar Bienenkästen verschieben. Spechte, Ratten, Dachse, Stinktiere, Bären usw. können die Beute als fertige Mahlzeit ansehen. In den meisten Fällen ist die Lösung ein Käfig aus Drahtgeflecht um den Bienenstock. Wenn z. B. Spechte in Ihrer Umgebung ein Problem darstellen, müssen Sie die Beute mit einem Netz umgeben, damit sie mit ihren Schnäbeln nicht die Zargenwände erreichen können. Schäden durch Stinktier und Dachs erfordern einen robusteren Beuteschutz, wie z. B. ein dickeres Schweißgitter. Aber Schutz gegen Bären könnte das Imkern zu kostspielig machen, damit es sich lohnt. Und wer weiß schon, wie viele Bienen wir im Sommer durch Schwalben und Mauersegler verlieren?

Schwarze Flockenblume *(Centaurea nigra)*

# Arbeitsschutz und Imkerwerkzeuge 4

## 4.1 Schutz

Viele Imkerinnen und Imker starten mit Rundumschutz – Schleier, Anzug, Stulpenhandschuhe und Stiefel –, und wenn ich selbst Bienenstöcke öffne, dann trage ich gewöhnlich immer noch einen solchen Schutz. Viele erfahrene Imker allerdings, besonders jene, die naturnahe Bienenhaltung betreiben, kommen ohne jeglichen Schutz aus. Sie behaupten, dass die «Giftmüll-Anzüge» einen zu großen Abstand zwischen Imker und Bienen erzeugen, was zu einem Verlust an Sensibilität für ihre Stimmung und Absichten führt. Stulpenhandschuhe verringern tatsächlich die Sensibilität beim Umgang mit voll besetzten Bienenwaben, was nach meiner Erfahrung kein Problem darstellt, solange Sie sich dem Risiko bewusst sind, dass Sie Bienen quetschen könnten. Die am häufigsten verwendeten Handschuhe bei britischen Imkern sind Geschirrspülhandschuhe aus Latex. Diese vereinen leichte Waschbarkeit mit minimalem Verlust an Sensibilität, wobei die dünneren, eng anliegenden Nitrilhandschuhe in dieser Hinsicht noch besser sind. Nach einem Stich durch einen Latexhandschuh kann dieser schnell von der Haut abgehoben werden, wodurch der Stachel entfernt und die Giftdosis verringert wird. Handschuhe aus kunststoffbeschichteter Baumwolle oder Leder lassen weniger Feingefühl zu.

Imkereibücher empfehlen das Tragen von heller Kleidung am Bienenstand. Dunkle Sachen, besonders aus Wolle, sollen Bienen zum Abwehrverhalten provozieren. An meinem Bienenstand trage ich routinemäßig marineblaue Cordhosen, und die Bienen scheinen sich nicht darum zu kümmern. Ein weiterer allgemeiner Ratschlag ist, parfümierte Kosmetik- und Toilettenartikel zu vermeiden.

Ich trage eine Jacke mit integriertem Schleier für kurze Tätigkeiten am Bienenstand und einen Ganzkörperanzug mit Schleier für stärker eingreifende

Arbeiten am Bienenvolk. Viele Imkerinnen und Imker sind sehr zufrieden mit einer Jacke, die einen guten elastischen Bund besitzt und bis über die Taille reicht. Das Tragen von Gummistiefeln für beliebig lange Zeit bei heißem Wetter ist ziemlich unangenehm. Feste Stiefel aus Leder sind atmungsaktiver. Die elastischen Enden der Schutzanzüge passen genau darüber. Wie bereits in Kapitel 1.5 erwähnt, rate ich beim Umgang mit Bienen dazu, ein Minimum an Schleier zu tragen, aufgrund des Risikos bleibender Augenschäden. Sehr preiswerte Schleier-Hut-Kombinationen sind leicht zu bekommen. Alternativ ist schwarzes Schleiermaterial normalerweise in Stoffgeschäften erhältlich. Es kann über einen breitrandigen Hut gestülpt und in eine Tasche gesteckt werden, wenn es nicht gebraucht wird. Dabei gibt es solche und solche Schleier. Ich habe bemerkt, dass das rechteckige oder quadratische Fadenmuster der Schleier von Jacken mit bogenförmiger Stehhaube/Fechthaube weniger transparent ist als das dünnere, sechseckige Fadenmuster des traditionelleren Hut-/Ringdesigns. Wenn Sie nach Eiern in Zellen schauen, könnte dies wichtig sein.

## 4.2 Kleine Imkerwerkzeuge

Ein mittelgroßer **Smoker** aus Edelstahl, am besten mit Hitzeschutz, und ein **Stockmeißel** sind die wichtigsten Werkzeuge des Imkers. Ein Meißel an einem Ende und ein gebogener Schaber am anderen finde ich generell brauchbarer als den Stockmeißel vom J-Typ. Die schlanke Version des J-Typs ist nützlich, um befestigte Oberträger anzuheben, nachdem zuerst die Waben von den Innenwänden gelöst wurden (siehe unten). In Bienenbüchern wurde den **Smokern**, dem Anzünden und Inganghalten viel Platz eingeräumt. Ich befeuere meinen mit morschem/punkigem Holz, das lange im Voraus gründlich getrocknet wurde. Es muss mit den Fingern leicht zu zerdrücken sein. Verwenden Sie Stücke bis zu 50 mm. Ich zünde eine Handvoll Holzspäne mit einem Gasfeuerzeug an und lasse sie in den Smoker fallen. Dann gebe ich brennbare Stücke hinzu und betätige dabei den Blasebalg. Wenn eine gute Flamme aufkommt, dann schließe ich den Deckel und drücke den Blasebalg von Zeit zu Zeit. Versuchen Sie, Rauch zu erzeugen, der kühl, weiß und dick ist anstatt heiß, blau, dünn und funkend. (Sicherheitshinweis: Zünden Sie den Smoker an, bevor Sie den Schleier anlegen.)

Trockenes Zeitungspapier brennt ebenfalls gut. Weitere Brennstoffe sind: trockene Blätter und Tannennadeln. Vermeiden Sie Brennstoffe, die mit Zusatzstoffen versehen sind. Beachten Sie die Brandschutzmaßnahmen in der Nähe Ihres Bienenstands. Der Smoker kann durch das Stopfen von Gras in die Schlotöffnung ausgemacht werden. Führen Sie gelegentlich eine Entkokung durch Auskratzen mit dem Messer durch, vorzugsweise im heißen Zustand. Die erste Sache, die kaputt geht, ist das Material vom Blasebalg. Ich habe meinen erfolgreich repariert mit einem Autoreifenschlauch.

Es ist sinnvoll, den Smoker, das Brennmaterial und Feuerzeug für alle Fälle mit zum Bienenstand zu nehmen. Ich zünde sogar selten den Smoker an, um eine Zarge unterzusetzen oder eine Kippkontrolle durchzuführen. Für stärker eingreifende Arbeiten, einschließlich Bevölkern einer Beute, ist es ratsam, einen angezündeten Smoker zur Hand zu haben, selbst wenn Sie nicht die Absicht haben, ihn zu benutzen. Manche raten, die Bienen immer vor einem Eingriff mit Rauch zu umgeben, da es das Alarmpheromon verschleiern und so einer allgemeinen Reaktion vorbeugen soll. Ich finde, das ist nicht notwendig. Es spricht viel für ein ruhiges, planvolles, zielbewusstes, sanftes, langsames Auftreten, während Sie die Stimmung der Bienen gut im Auge behalten und abwarten, wenn diese erst mal «Nein!» sagen.

**Imkerbürsten**, besonders jene mit synthetischen Borsten, scheinen Bienen zu verärgern. Eine Flügelfeder oder sogar der äußere Flügel eines großen Vogels wie einer Gans ist ausreichend und schonender. (Wo ich an späterer Stelle den Begriff «bürsten» als Verb verwende, mache ich es, weil das Verb «federn» noch nicht in den alltäglichen Imkersprachgebrauch eingegangen ist!)

Drei spezielle Werkzeuge der Warré Imkerei sind das Wabenmesser, der Käseschneidedraht und der Wabenhalter. Das Warré-**Wabenmesser**, zuerst beschrieben von Bill Wood (Oregon), mit einer rechtwinkligen Klinge zum Schaft gibt es meines Wissens nicht zu kaufen. Es wird auch nicht in Warrés Buch erwähnt. Man fragt sich, ob Warré jemals einzelne Waben aus einem Bienenvolk der Volksbeute entnommen hat. Die ersten Warré-Wabenmesser wurden durch Zusammenschweißen einer Edelstahlklinge und eines Schafts hergestellt. Seitdem wurden einige aus Edelstahlblech lasergeschnitten. Das Messer könnte auch aus einem Kebab- oder Barbecue-Spieß hergestellt werden, obwohl das Erhitzen auf Rotglut notwendig sein kann.

Da das Werkzeug jedoch nicht aus Edelstahl sein muss, könnte es ohne Erhitzen aus 4 mm Zaundraht/Spanndraht geformt werden. Schneiden Sie ein 450 mm langes Stück zurecht und biegen Sie es 25 mm vom Ende stark, um eine «L»-Form zu erhalten, dessen kurze Seite die Klinge wird. Während sich das «L» ganz in einer horizontalen Ausrichtung befindet und auf einem schweren Metallstück liegt, hämmern Sie den Klingenteil flach auf eine Dicke von etwa 2 mm und eine maximale Breite von etwa 5 mm. Es wird jetzt an seinem äußeren Ende breiter sein. Feilen oder schleifen Sie die Klinge in eine annähernd rechteckige Form und schärfen Sie die obere Kante. Etwa 100 mm vom anderen Drahtende biegen Sie ihn in einer sanften Wölbung von etwa 30 mm Breite um, damit Sie einen Griff erhalten. Diese Biegung ist in der gleichen Ebene wie die Klinge, damit der Benutzer die Klingenausrichtung leicht bestimmen kann, wenn sie zwischen den Waben und den Bienen verdeckt ist (Abb. 4.2).

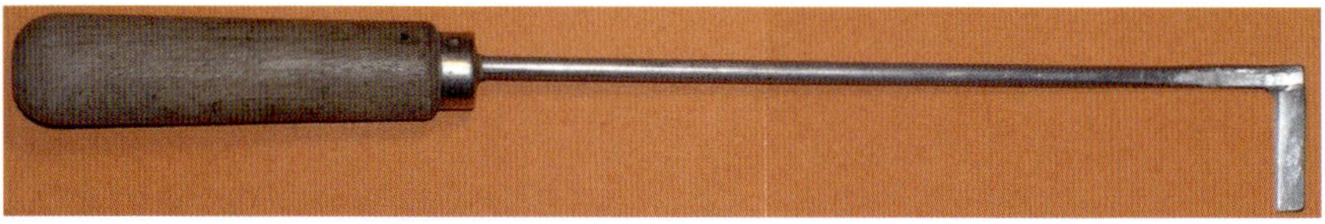

4.1 Wabenmesser aus Edelstahl

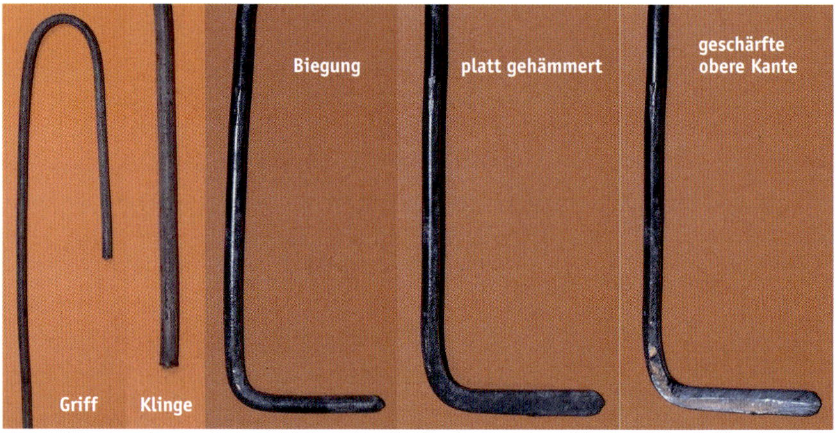


4.2 Herstellung eines Wabenmessers aus Draht

Der **Wabenhalter** ist ein einfacher Ständer, auf dem die an den Oberträgern befestigten Waben ruhen, während man die Zellen anschaut. Manche Oberträger-Imker verwenden eine Staffelei oder eine ähnliche Konstruktion, die die Waben bei der Kontrolle halten (Abb. 4.3). Eine Staffelei kann in eine Schräglage gesetzt werden, damit die traditionelle Vorgehensweise, sich die Sonne von hinten über die Schulter scheinen zu lassen, eingerichtet werden kann. Dies unterstützt eine schnelle Wabendurchsicht.

4.3 Wabenhalter

Ein **Käseschneidedraht** und zwei Keile können bei Gelegenheit sehr nützliche Dienste leisten. Wenn die Waben in einer Zarge von den Bienen an den Oberträgern der darunterliegenden Zarge befestigt werden, so wird der Draht durchgezogen, um die Verbindungen an der Unterseite der Waben zu durchtrennen. Obwohl Käseschneidedraht problemlos zu kaufen ist, kann das Werkzeug leicht aus zwei kurzen dicken Dübelstücken aus Holz[22], z. B. von einem alten Besenstiel und einem Stück Stahldraht mit geeigneter Zugfestigkeit, hergestellt werden. Ich verwende einen einzelnen Strang von einem alten Brems- oder Schaltkabel von einem Fahrrad. Sehr dünner Draht einer Klavierseite oder eines Streichinstruments würde genügen, ebenso wie Nylondraht (Monofil) oder Draht, der für Bienenstockrähmchen verwendet wird. Je dünner der Draht, desto schärfer der Schnitt. Halten Sie Ersatzdraht bereit, falls er kaputtgeht. Die **Keile**[23] können aus Holz von 25 × 100 mm sein und sich von etwa 13 mm Dicke bis ganz spitz verjüngen. Zwei Stockmeißel können Keile ersetzen.

Zu den anderen kleinen Werkzeugen, die manchmal nützlich sein können, gehören ein Spiegel, eine kleine Taschenlampe/Lichtquelle, eine Kamera und eine Waage (mit Feder oder Elektronik). Eine preiswerte digitale Gepäckwaage erleichtert das Heben der Beute. Sie besitzt einen Haken oder Riemen oder beides. Der Haken wird unter den Griff einer Warré-Zarge platziert, und durch Anheben von nur etwa 3 mm wird eine Ablesung für eine oder mehrere Zargen vorgenommen, wobei das Wiegen auf der gegenüberliegenden Seite wiederholt wird. Wenn Sie eine Waage verwenden möchten, dann notieren Sie im Voraus das durchschnittliche Gewicht Ihrer Zargen mit allen acht Oberträgern, da Sie diese Summe später benötigen.[24]

## 4.3 Kontrollliste für Imkerausrüstung

### Grundlage

- Smoker
- Brennmaterial und Anzünder
- Feuerzeug/Streichhölzer
- Stockmeißel
- Feder oder Bürste
- Wabenmesser
- Wabenhalter
- Käseschneidedraht
- Keile
- Notizbuch
- Ständer zum Abstellen von Bienenkästen (Abb. 7.2)

### Erweiterung

- Spiegel
- Taschenlampe/Licht
- Waage
- Wasser-/Sirupsprüher
- durchlöchertes Zeitungspapier
- Königinnenclip/Abfangkäfig
- Abstandshalter für Oberträger
- Ersatzhandschuhe
- Erste Hilfe bei Stichen
- scharfes Messer/Schere
- Fluglochkeil
- Reißzwecken/Reißnägel
- Gummibänder
- Schnur/Strippe
- Klebeband
- Gartenschere
- Bienenkorb oder Schwarmkiste
- usw.

## 4.4 Hebevorrichtungen

Warré scheint immer den Luxus eines Gehilfen gehabt zu haben, wenn er an seinen Bienenstöcken arbeitete. Tatsächlich sind die vielen Eingriffe, die von ihm und seinem Assistenten durchgeführt wurden, auf den Fotos in einer frühen Auflage seines Buches hübsch dargestellt.[25] Aber wenn Sie keine Unterstützung am Bienenstand haben und mehrere Beuten bewirtschaften, möchten Sie vielleicht eine Hebevorrichtung anschaffen. Wenn jedoch eine solche Aufgabe Ihre Ressourcen übersteigt, so können Sie beruhigt sein, dass alle Tätigkeiten an den Bienenkästen, inklusive Untersetzen einer neuen Zarge, von einer Person durchgeführt werden können (Kapitel 7.2, 8.1, 8.2). Speziell für Warré-Beuten entworfene Hebevorrichtungen sind im Handel nicht erhältlich. Aber da sie von begeisterten Heimwerkern mit einfach zu erhaltenen Materialien hergestellt werden können, werde ich hier zwei beschreiben.

Da jede Zarge stabile, hervorstehende Griffe hat, war es angezeigt, einen Gabelheber zu konstruieren, der den Bienenstock an seinen Griffen hochhebt. Der hier beschriebene Heber, von dem angenommen wird, dass der erste von Marc Gatineau hergestellt wurde, funktioniert nach dem Prinzip der französischen Guillotine. Ein Brett gleitet senkrecht in zwei Nuten und wird mit einer Ankerwinde angehoben. Die Nut und die Brettkanten werden vor dem Zusammenbauen gründlich mit Bienenwachs eingeschmiert, um eine leichtgängige Bewegung zu erhalten. Zwei Gabelzinken sind am Brett montiert, wobei der Bienenkasten dazwischen passt. Die Beute kann am untersten Kasten oder, wenn der Heber groß genug ist, an einer der darüberliegenden Kästen angehoben werden. Eine Mini- und daher leichtere Version des Gatineau-Hebers, die zum Untersetzen unter die Zargengriffe konzipiert ist, wird ebenfalls beschrieben.

### 4.4.1 Gatineau-Heber für den Warré-Bienenstock

Die Pfosten, Füße, Gabeln und der obere Balken sind etwa 50 mm und die Sperrholzbretter etwa 13 mm dick. In den Plänen beträgt der Spielraum zwischen den Gabelzinken und den Zargenwänden 8 mm bei einer Zargenbreite von 340 mm.

Die Befestigung der Gabelzinken am hinteren Brett erfordert besondere Aufmerksamkeit. Im unteren Teil der Rückseite des 13 mm dicken Gabelbretts wird mittig und bündig zur Unterkante ein weiteres Sperrholzbrett mit den Maßen 412 × 200 × 13 mm verleimt. Dadurch soll das Gabelbrett im Bereich der Zinken verstärkt werden.

Die Zinken der Gabel werden an den Enden genau rechtwinklig geschnitten, stumpf auf das Brett geklebt und mithilfe von Stützblöcken im rechten Winkel festgeklemmt. Wenn der Leim getrocknet ist, werden zwei 100-mm-Holz-

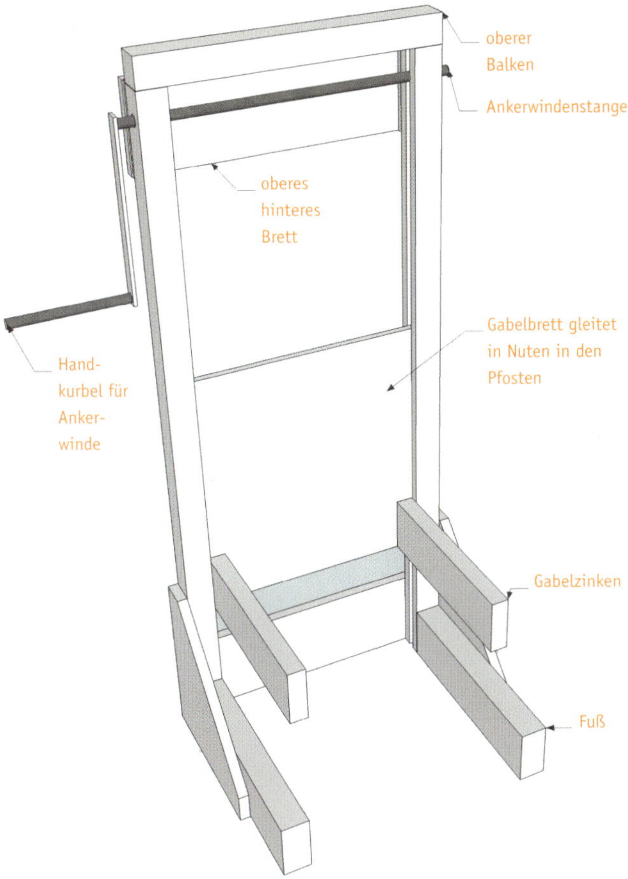


4.4 Hebevorrichtung für Warré-Beute nach Gatineaus Entwurf (Rollen und Schnur werden nicht gezeigt)

schrauben durch gebohrte und in der Rückseite versenkte Löcher in die Zinken geschraubt. Die Schrauben sind am breitesten Ende 6 mm dick. Sie werden beim Einsetzen mit Holzleim eingeschmiert, damit der Leim beim Aushärten ein eventuell vorhandenes Spiel aufnimmt. Das auf der Rückseite aufgeklebte zusätzliche Brett bringt die senkrecht verschiebbare Einheit («Guillotine-Klinge») auf eine Dicke von 26 mm und verleiht eine größere Stabilität. Die Innenkanten der Pfosten müssen natürlich einen Spielraum haben. Der hier gezeigte Spielraum beträgt 1 mm auf jeder Seite.

Andere erfolgreiche Methoden zur Befestigung der Zinken sind stabile Regalhalterungen (Andy Collins, UK; Steve Ham, Spanien) und T-Scharniere (Bill Wood, USA).

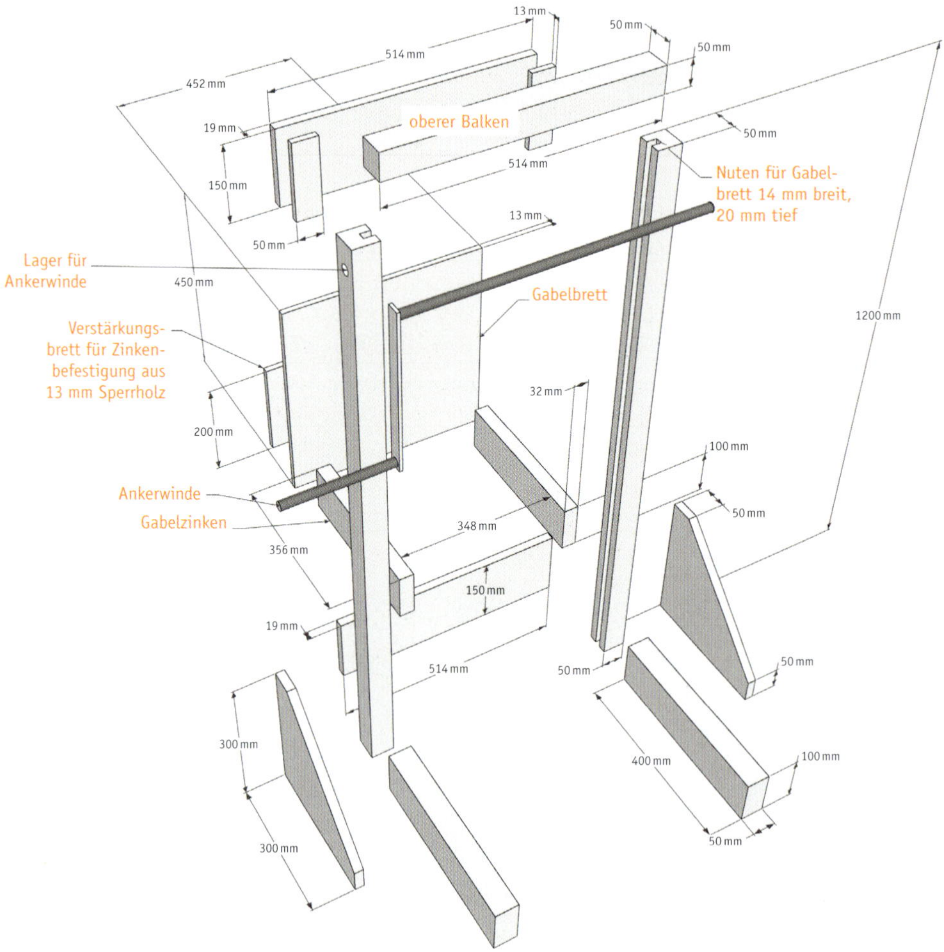


4.5 Explosionsansicht eines Warré-Bienenstock-Hebers

Die obere Rolle ist mit dem oberen Balken und die untere Rolle mit dem Gabelbrett verbunden. Das Hebeseil wird an der Ankerwindenachse befestigt, durch die beiden Doppelrollen gezogen und am Gabelbrett angebracht. Rollen sind nicht unbedingt erforderlich, aber sie erleichtern das Heben eines großen, honigbeladenen Bienenstocks und ermöglichen es, die Bewegung an jedem Punkt zu stoppen, ohne die Kurbel zu sichern. Wenn Ihre Hebevorrichtung sehr leichtgängig funktioniert, bauen Sie sicherheitshalber eine Ankerwindensperre ein. Um Spielraum für das Ankerwindenseil und die obere Rolle zu haben, wird das obere hintere Brett auf 13-mm-Abstandshaltern angebracht.

Ankerwinde und Handkurbel könnten aus Stahlrohr bestehen, das z. B. als elektrische Leitung verwendet oder von anderen Maschinen wie Autos, Wäschemangeln, ausgedienten Honigschleudern usw. wiederverwertet wird. Zur Erhöhung der Lebensdauer der Ankerwindenlager können diese mit Stahlbuchsen ausgekleidet und gefettet werden.

Es gab keinen Versuch, das Gewicht des Hebers zu verringern, der mit 12 kg etwas schwer ist, jedoch konnten einige Abmessungen ohne wesentlichen Stabilitätsverlust um ein paar Millimeter reduziert werden, z. B. die Dicke des Pfostens, des oberen Balkens und der Füße sowie der hinteren und dreieckigen Verstrebungsbretter. Das Gabelbrett sollte nicht dünner als 13 mm sein.

Nützliches Zubehör, das verschiedene Imker in einen Warré-Heber eingebaut haben, beinhalten Räder und eine Stockwaage. Im letzteren Fall muss das Gabelbrett an Wälzlagern anliegen, um die Reibung ausreichend zu reduzieren, damit man genaue Gewichtsablesungen erhält. Die Möglichkeit, den Abstand zwischen den Gabelzinken einzustellen, wäre eine sinnvolle Weiterentwicklung zum Heben von Bienenstöcken mit Holzkästen, die dicker sind als 20 mm. Eine außergewöhnlich große Auswahl verschiedener Hebevorrichtungen ist auf der englischen Warré-Imker-Webseite abgebildet.[26]

Ich beschreibe hier kurz ein weiteres Modell eines Hebers, das von Raimund Henneken aus Deutschland, da dieser Heber viel leichter transportierbar ist und eine Waage enthalten kann.

### 4.4.2 Mini-Heber

Dieses Modell ist so konzipiert, dass entweder alle Zargen angehoben werden, indem es auf dem Bienenstockgestell aufgesetzt wird, oder nur einige der Kästen, indem es auf den Griffen eines beliebigen Kastens unterhalb der obersten Zarge im Bienenstock aufgesetzt wird.[27] Ein Grund für das Öffnen der Beute im oberen Teil ist das Wiegen der oberen ein oder zwei Zargen des Bienenstocks zur Schätzung der Wintervorräte. Die Verwendung von Lagern stellt eine wesentliche Verbesserung gegenüber dem Gatineau-Heber mit seinem Holzbrett dar, welches in einer Holznut gleitet. Dies verringert die Reibung erheblich und bietet zwei Vorteile. Einer ist, dass jegliches Ruckeln beim Absenken vermieden wird, das einige von ihren Gatineau-Hebern berichten. Der andere besteht darin, dass eine eingebaute Waage zu keinen gravierenden Fehlern führen wird. Das Anheben kann mit jeder kleinen, handelsüblichen Handwinde erfolgen, die aufgrund ihrer Leichtigkeit und Kompaktheit ideal ist. Die Winde könnte durch eine selbstgebaute Ankerwinde mit Rollen ersetzt werden, aber dies würde die Höhe und möglicherweise das Gewicht erhöhen. Dieser Heber wiegt 4,2 kg und wurde mit einer Last von 60 kg getestet.

Andy Collins (UK) hat einen ebenso kompakten Heber entworfen, der neben verstellbaren Regalhalterungen/Stützen für die Füße und Gabeln auch die Reibung durch eingebaute Küchenschubladenführungen verringert. Dieses

Modell hat die Gabelzinken nicht unmittelbar über den Füßen und ist deshalb nicht dafür konzipiert, auf den Griffen der Zargen zu ruhen.

4.6 Mini-Heber aus Stahl (Fotos: Raimund Henneken)

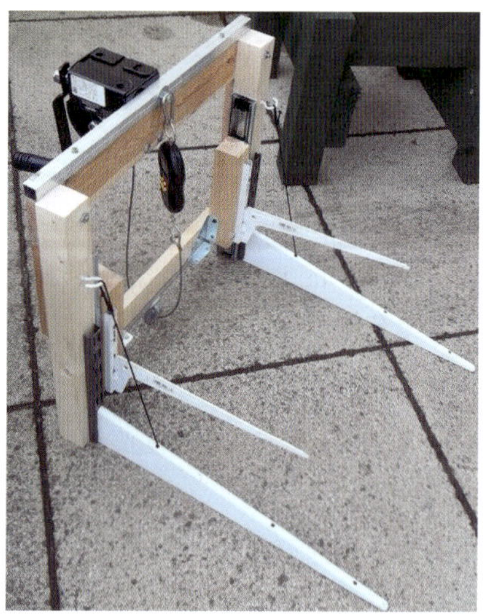

4.7 Mini-Heber mit Schubladenführungen, Regalhalterungen und Waage (Foto: Andy Collins)

# Bienen anschaffen 5

Warré empfiehlt, die Volksbeute mit einem Schwarm von 2 kg zu bevölkern (*Bienenhaltung für alle*, S. 98).[28] Viele Warré-Bienenstöcke in den USA wurden jedoch erfolgreich mit 1 kg handelsüblichen Versandbienen besiedelt. Versandbienen bestehen aus einem Kunstschwarm mit Königin und etwas Futterteig, alles in einer Box mit Gitter zur Belüftung. In diesem Kapitel behandle ich die Anschaffung von Bienen entweder mit oder ohne Waben.

Warré-Beuten mit Bienen ohne Waben statt mit Wabenwerk zu besiedeln, ist meist die einfachere der beiden Möglichkeiten. Außerdem lässt ein Schwarm nicht nur den größten Teil der Schädlinge (z. B. Varroa) und Krankheitserreger der Mutterkolonie zurück, sondern kommt auch, wenn es sich um einen natürlichen Schwarm handelt, mit vollgetankten Mägen und geht eifrig ans Werk, sein Wabennest aufzubauen. Auf der anderen Seite können Bienen mit Wabenwerk vor dem Verkauf bzw. Erwerb genauestens auf Krankheitssymptome untersucht werden. Auf Seite 67 von *Der bienenfreundliche Imker*[29] vergleiche ich die vertikale Erregerübertragung (über einen Schwarm) mit ihrem horizontalen Gegenstück (über Brutwaben). Die Vermehrung über das Schwärmen ist hygienischer und selektiert gegen die Virulenz von Krankheitserregern.

Es ist viel dazu gesagt worden, Bienen zu verwenden, die an die lokalen klimatischen Bedingungen, das Nahrungsangebot und das Spektrum der Schädlinge und Krankheitserreger angepasst sind. Darüber hinaus zeigen importierte Bienenvölker mit reinrassigen Königinnen manchmal ein erhöhtes Abwehrverhalten, nachdem sich die zweite Generation mit lokalen Bienen verkreuzt hat. Einigen bleibt jedoch nichts anderes übrig, als handelsübliche Versandbienen oder Bienen auf Waben zu kaufen.

Wenn Sie Ihre Warré-Beute mit Versandbienen oder mit Bienen auf Waben (Ableger) besiedeln wollen, dann geben Sie Ihre Kaufbestellung im Winter oder so früh wie möglich in der Saison auf, da Sie sonst enttäuscht werden könnten. Versandbienen können Zehntausende von Kilometern zurückgelegt haben, aber das hindert sie überraschenderweise nicht unbedingt daran, erfolgreiche Völker aufzubauen. Versuchen Sie jedoch, sie von so nah wie möglich zu beziehen.

Einige Imkerinnen bzw. Imker, die Rähmchen nutzen und die Warré-Beute für sich entdeckt haben, wollen ihre Bienen gern sofort aus ihrer Rähmchenbeute in die Warré-Beute umsiedeln. In diesem Fall lohnt es sich, einige Fragen zu beantworten: Ist die Umsiedlung wirklich notwendig? Anders ausgedrückt, ist es die Sache wert, ein vollkommen gesundes Bienenvolk in einer Rähmchenbeute so zu stören, nur um einen Warré-Bienenstock auszuprobieren? Könnte man nicht abwarten, ob das Volk in der Rähmchenbeute einen Schwarm abgibt? Ich habe nur deshalb zwei Warré-Beuten mit Bienen aus Rähmchenbeuten bevölkert, weil es der Zeitpunkt des Schwärmens war, das heißt, die Weiselzellen waren entwickelt, und zu dieser Zeit betrieb ich das Schwärmen bei meinen Rähmchenbeuten über Kunstschwärme. Das benutzte Verfahren beschreibe ich in Kapitel 6.3.2.1.

## 5.1 Schwärme

Wenn Sie entschlossen sind, es mit einem lokalen Schwarm zu versuchen, und Sie das Risiko nicht stört, in der Saison, in der Sie Ihren Bienenstock bekommen, überhaupt keine Bienen zu haben, dann finden Sie hier einige Vorschläge, wie Sie Schwärme zur Schwarmzeit erhalten können, die auf der Nordhalbkugel hauptsächlich von April bis Juli dauert:

1. Treten Sie Ihrem örtlichen Imkerverein bei und geben Sie bekannt, dass Sie einen Schwarm oder Kunstschwarm haben möchten. Der Vorteil ist, Sie könnten lokal angepasste Bienen erhalten und bezahlen viel weniger als den vollen Handelspreis, vielleicht sogar überhaupt nichts, und Sie können praktische Vorführungen beim Fangen von Schwärmen erleben.[30]
2. Informieren Sie Ihre örtlichen Stellen, die Anrufe zu Schwärmen erhalten, z. B. kommunale Schädlingsbekämpfung, Polizei usw., dass Sie Schwärme haben wollen.
3. Stellen oder hängen Sie Köderbienenstöcke *(bait hive)* auf, die Bienenschwärme anlocken.
4. Senden Sie eine Nachricht an Ihre lokale Internet-Recycling-Gruppe (z. B. Freecycle[31]) oder bringen Sie Ihre Karte an das Schaufenster des Zeitungsladens an.
5. Erstellen Sie eine Webseite mit Werbung, dass Sie Schwärme in einem bestimmten Umkreis abholen.
6. Teilen Sie örtlichen Schädlingsbekämpfungsunternehmen mit, dass Sie Schwärme einfangen/abholen. Viele wollen keine Honigbienen vernichten.

Falls Ihre Reisekosten ein Problem darstellen, bedenken Sie, dass Auftraggeber es manchmal bevorzugen, dass Bienen lebend umgesiedelt werden, und hierfür eine Gebühr bezahlen.

Glücklicherweise sind schwärmende Bienen grundsätzlich sehr sanftmütig. Den einzigen Stich, den ich bei den Dutzenden Schwärmen bekam, die ich einfing, war, als ein Schwarm auf meinen Kopf und die Schultern fiel, während ich auf der Leiter hockte. Überlegen Sie auch, wenn Sie Schwärme an öffentlichen Orten oder auf fremden Grundstücken einfangen, welche Sicherheitsvorkehrungen erforderlich sind und ob Sie in Zeiten zunehmender Rechtsstreitigkeiten eine Haftpflichtversicherung oder sogar eine schriftliche Freistellung des Grundstückseigentümers für Folgeschäden benötigen, insbesondere wenn Astschnitte erforderlich sind.

Wenn Sie die meisten Bienen und die Königin eingefangen haben, ist die Sache fast schon erledigt.[32] Ich versuche hier nicht, alle möglichen Wege aufzulisten, wie man Schwärme fängt, stattdessen beschreibe ich ein paar der bekanntesten. Das Mindeste, was Sie brauchen, ist ein Pappkarton mit einer quadratischen Öffnung von etwa 300 mm und ein Baumwolltuch zum Abdecken. Ich benutze immer noch die gleiche Box, mit der ich 2004 begonnen habe, Schwärme einzufangen. Der traditionelle Behälter, um Schwärme zu fangen, ist der Korb, aber man muss wirklich nicht diese Kosten aufwenden. Andere nützliche Gegenstände, die Sie griffbereit haben sollten, wenn die Zeit es zulässt, sind ein Schleier, Smoker, ein Stück einer Brutwabe sowie eine Garten- oder Baumschere. Eine Leiter kann erforderlich sein, aber bitte reihen Sie sich nicht in die lange Liste von Imkerinnen und Imkern ein, die durch Stürze von Leitern verletzt wurden!

5.1 Zwei Schwärme zum Fangen;
a) ein leichter,
b) ein schwieriger

Wenn der Schwarm in einem Strauch oder an einem Ast sitzt, schneiden Sie Zweige und Blätter ab, damit die Öffnung der Box oder des Korbs direkt darunter platziert werden kann. Legen Sie ein Tuch über den Arm, wenn Sie die Box halten. Mit einem kräftigen Schlag oder Schütteln mit der anderen Hand schlagen Sie den Schwarm in die Box, und seien Sie auf das zusätzliche Gewicht vorbereitet, welches über 3 kg betragen könnte. Ignorieren Sie das um Sie herum entstehende Chaos und bedecken Sie sofort die Öffnung mit dem Tuch, dann tragen Sie die Box behutsam an einen schattigen Ort in der Nähe der Schwarmstelle. Wenden Sie diese langsam auf die Tuchseite und legen Sie einen Stein oder Stock unter den Rand, um einen kleinen Eingang zu schaffen. Wenn die Königin in der Schwarmkiste ist, werden die noch fliegenden Bienen ihren Geruch wahrnehmen und in die Box fliegen. Falls alle Bienen die Schwarmbox verlassen, müssen Sie den Vorgang wiederholen, sobald der Schwarm eine Traube gebildet hat. Lassen Sie den Schwarm idealerweise bis zum Abend in der Box, wenn alle Bienen zurückgekehrt sind. Das wäre besonders wichtig, falls der Schwarm eine unbegattete Königin enthält, die vielleicht vor dem Abend auf dem Hochzeitsflug ist. Sie können ihn dann nehmen und einlogieren. Wenn kein Schatten zur Verfügung steht, improvisieren Sie mit einem Tuch, Brett, Blätterzweigen usw. Der Schwarm kann ein paar Kilometer in seinem Behälter transportiert werden und sollte locker in ein Tuch oder Sackleinen gewickelt sein, um darunter Platz für die Belüftung zu bieten.

Warré empfahl, Schwärme direkt in eine Warré-Zarge einzuschlagen. Das ist sehr schwierig im Alleingang zu bewältigen, da meine Kästen 25 mm dicke Wände haben und zu schwer sind, um sie mit einer Hand zu halten, besonders beim Klettern auf der Leiter!

Häufig befinden sich Schwärme nicht an den Stellen, an denen ein Einschlagen oder -schütteln möglich ist. Bei einem Schwarm auf einem mit Efeu bewachsenen Baum (Abb. 5.1 b) tat ich z. B. Folgendes: Ich nahm eine Brutwabe, die sich für diesen Anlass in einem Rähmchen befand, und hielt sie an die Spitze des Schwarms. Die Bienen eilten darauf. Als sie richtig schwer beladen mit ihnen war, trug ich die Schwarmtraube, ohne sie zu erschüttern, zu der Box auf dem Boden, schüttelte die Bienen ein, drehte die Box langsam um auf ein Tuch, wobei ihre Kante auf einem Stock ruhte. Ich wiederholte dies ein paar Mal. Schließlich hoben alle Bienen vom Baum ab und flogen in die Box hinein.

Eine andere Methode wird bei einem Schwarm benutzt, der auf einer ziemlich ebenen Fläche sitzt, wie z. B. einem Zaun, einem Pfosten, einer Mauer oder einem Baumstamm. Die Box, die auch eine fertig vorbereitete Warré-Zarge mit Abdecktuch und einem darüber gehefteten Stück Pappe sein könnte, wird mit ihrer unteren Öffnung unmittelbar über den Schwarm gehalten und berührt diesen. Bienen, die einen dunklen Hohlraum wahrnehmen, beginnen, dort hineinzukrabbeln. Sie können durch sanftes Wischen mit einer Feder zum Aufsteigen ermutigt werden. Selten muss man Rauch verwenden, damit sie sich in

Bewegung setzen, dann nur wenige Stöße. Das Trommeln auf den Ort, auf dem sie sitzen, gefolgt von einer Pause und weiterem Trommeln, kann sie ebenfalls ermutigen, sich aufwärtszubewegen.

Ich logiere Schwärme am Abend des Tages ein, an dem sie eingefangen wurden, jedoch nur sehr selten früher, oder am Folgetag (Kapitel 6.1). Idealerweise logieren Sie einen Schwarm früh in der Saison in eine Beute ein, etwa zur Zeit der Löwenzahnblüte, da er bis zum Winter genügend Zeit hat, sich zu etablieren und eine ausreichende Volksstärke aufzubauen. Der alte Spruch unter Imkern enthält so manche Wahrheit: Ein Schwarm im Mai ist eine Ladung Heu wert; ein Schwarm im Juni einen silbernen Löffel; ein Schwarm im Juli ist keine Fliege wert.[33] Ein später Schwarm könnte jedoch noch rechtzeitig Überwinterungsstärke aufbauen, wenn man ihn in eine Zarge mit Waben und reichlich Honig setzt.

Wenn Sie erst spät während des Schwarmakts auf einen Schwarm treffen, hat er vielleicht schon die Entscheidung über sein neues Zuhause getroffen. Die Schwänzeltänzerinnen bereiten ihn möglicherweise für den Weiterflug vor. Darum ist Schnelligkeit angesagt, sobald Sie einen Schwarm finden. Halten Sie deshalb zur Schwarmzeit Ihr Schwarmfangzeug griffbereit. Wenn jemand anderes Sie wegen eines Schwarms anruft, erkundigen Sie sich genau nach seinem Standort, dem Zugang, der Höhe über dem Boden, die zeitliche Dauer der Anwesenheit (ein 30 km entfernter Schwarm, der bereits seit einem Tag dort sitzt, ist nicht sehr verlockend) und, am wichtigsten, ob die entdeckende Person ihn nicht mit einem Wespenvolk verwechselte. Das passiert! Einmal bat ich einen potenziellen Auftraggeber, mir ein Foto der gesichteten Bienen per E-Mail zu schicken. Es ersparte uns beiden die Kosten der 95 km langen Hin- und Rückfahrt, da ich in der Lage war, die Insekten als Sandbienen zu identifizieren.

Da sich dieses Buch in erster Linie an Menschen richtet, die relativ neu in der Imkerei sind, erörtere ich hier nicht das komplizierte und langwierige Verfahren des Entfernens von Honigbienenschwärmen, die sich an unerwünschten Orten angesiedelt haben, meist in Gebäuden. Wenn jedoch Ihr Zutrauen in die imkerliche Praxis steigt, möchten Sie möglicherweise diese Option in Betracht ziehen, um wilde bzw. verwilderte Bienen zu bekommen, die lokal angepasst sind. Die Auftraggeber zahlen für die geleistete Arbeit. Eine Haftpflichtversicherung kann sinnvoll sein.

## 5.2 Ableger

Bienen bereits auf ein paar Waben zu erhalten, d. h. als Ableger, stellt die Warré-Imkerin vor ein schwieriges Problem. Im Fall eines Warré-Ablegers wäre es notwendig, einen Bienenanbieter zu finden, der bereit ist, einen solchen Ableger in einer Warré-Zarge zu bilden und vielleicht sogar die Zarge und andere Stockelemente zu liefern. Hinzu kommt das Problem des Transports einer Zarge mit neuen Waben, die tendenziell eher zerbrechlich sind. Im Fall von Ablegern auf Rähmchen ist der Transport relativ einfach, aber die Übertragung dieses Ablegers in eine Warré-Beute ist problematisch.

### 5.2.1 Warré-Ableger

Zum Zeitpunkt des Schreibens dieser Zeilen kenne ich nur wenige Beispiele von Imkerinnen bzw. Imkern, die Warré-Ableger liefern. Möglicherweise müssen Sie dem Hersteller eine Warré-Zarge mit vorbereiteten Oberträgern zur Verfügung stellen. Der Hersteller wird die Bienen in die Zarge schütteln, eine Königin zusetzen und sehr wahrscheinlich ihre Entwicklung durch die Fütterung von Zucker oder, wenn Sie Glück haben, Honig fördern. Später müssen Sie die Zarge abholen und zu Ihrem Bienenstand transportieren. Es ist unwahrscheinlich, dass Sie Ihren Ableger vor der Mitnahme auseinandernehmen und durchsehen wollen. Wenn der Verkäufer die Waben jedoch bereits relativ gut inspizierbar gemacht hat, indem die Seitenverbindungen gelöst wurden, und Sie eine Durchsicht wünschen, dann sind unten einige wichtige Qualitätskriterien aufgeführt (Kapitel 5.3). Neue Waben neigen sehr dazu, von den Oberträgern abzubrechen, selbst bei Einhaltung idealer Transportkriterien, welche sind: ein Maschengitter oben und unten für maximale Luftzufuhr; das Fernhalten des unteren Gitters von allen Oberflächen, auf denen die Zarge ruht; das Führen der Waben parallel zur Fahrtrichtung sowie der eigentliche Abtransport während der kühlen Abendstunden oder in der Nacht. Wenn es dennoch warm ist, hilft es, das obere Maschengitter ab und zu *leicht* mit Wasser zu besprühen.

Um das Risiko eines Wabenabbruchs während des Transports zu verringern, könnte ein Warré-Ableger mit vier oder fünf Rähmchen statt mit Oberträgern begonnen und erst dann versendet werden, wenn die Rähmchen mit Waben ausgebaut sind. Die Waben in den Rähmchen müssen nicht auf Mittelwänden gebaut werden; ein Anfangsstreifen aus Wachs würde genügen. Ickowicz (Frankreich) liefert Warré-Kästen mit Rähmchen, die einen Schlitz im Oberträger zum Einsetzen bzw. Befestigen einer Mittelwand haben. Einfache Rähmchen sind leicht herzustellen, vorausgesetzt, man hat Zugang zu Holz von etwa 7–9 mm Dicke und einer Tischkreissäge, um es auf Breite zu schneiden. Sie müssen nicht so exakt gefertigt sein, dass sie einen perfekten Bienenabstand um sich herum haben, denn wenn die Bienen sie mit Propolis oder Wildbau befestigen, werden sie ohnehin bei der ersten vollen Ernte entfernt. Wenn Sie Warré-Zargen kaufen, dann überprüfen Sie, ob diese die Bedingungen eines Standard-Warré-Bienenstocks erfüllen oder, wenn nicht, ob Sie eventuelle Unstimmigkeiten später stören würden. Sie könnten sich jedoch immer an die Ausrüstung von einem Lieferanten halten.

### 5.2.2 Ableger auf Rähmchen

Ableger auf Rähmchen, die wohl häufigste Art, Bienen zu verkaufen, sei es von einem lokalen Imker oder von einem weiter entfernten Züchter, sind wahrscheinlich der unpraktischste Start für ein Warré-Volk, egal welchen Weg der Übertragung man wählt. Irgendwie muss das Bienenvolk dazu gebracht werden, den Warré-Stock zu beziehen (Kapitel 6.3.2). Nicht selten tun die Bienen dies ohne radikale «Operation» nur langsam. Imkerinnen und Imker greifen auf diese Alternative zurück, wenn für sie keine Möglichkeit besteht, einen Schwarm oder einen Warré-Ableger zu erhalten. Ableger werden normalerweise bereits in gut belüfteten Behältern geliefert und auf Waben parallel zur Fahrtrichtung transportiert. Bei heißem Wetter ist ein gelegentliches leichtes Sprühen mit Wasser auf den oberen Draht angezeigt.

Wenn Sie einen Ableger kaufen, stellen Sie sicher, dass er von guter Qualität ist, mit einer jungen legefähigen Königin, die die Stockmutter der gesamten Brut ist. Sie können im Voraus angeben, dass Sie sie nicht durch Markieren oder Flügelschneiden verstümmelt haben möchten. Drei Rähmchen mit Brut, frei von Krankheiten und in allen Stadien, inklusive Eiern, sollten vorhanden sein und mindestens vier voll mit Bienen bedeckte Rähmchen. Insgesamt sollte es eine Honigwabe und eine halbe Wabe mit Polleneinlagerungen geben. Die Waben sollten von heller Farbe sein, woran zu erkennen ist, dass sie weniger als eine Saison alt sind. Die staatliche Behörde für Bienengesundheit gibt Ihnen zusätzliche Beratung.

## 5.3 Schwarmlockkisten

Eine Schwarmlockkiste (-beute, Köderstock) kann jeder Behälter sein, der nach Bienen riecht, die richtige Größe besitzt und so positioniert ist, um das Anlocken eines Schwarms zu begünstigen, der nach einer neuen Behausung Ausschau hält. Seeley and Morse[34] studierten diesen Prozess und fanden heraus, dass Bienen folgende Präferenzen zeigten:

- Nesthöhe bei 5 m wird 1 m vorgezogen
- Fluglochbereich von 12,5 $cm^2$ wird 75 $cm^2$ vorgezogen
- Fluglochposition: bevorzugt unten statt im oberen Bereich der Nesthöhle
- Fluglochausrichtung: bevorzugt südwärts statt nordwärts
- Nesthöhlenvolumen: 40 l werden 10 oder 100 l vorgezogen
- Zuvor von Bienen besetzte Hohlräume werden neuen Hohlräumen vorgezogen
- Hohlräume, die mehr als 300 m von der Mutterkolonie entfernt sind, werden jenen in unmittelbarer Nähe vorgezogen
- Sichtbare Standorte werden weniger sichtbaren Standorten vorgezogen

Obwohl Schwarmlockkisten, die aufgestellt werden, um Ihre eigenen Schwärme anzulocken, sich idealerweise in einiger Entfernung von Ihren Bienenstöcken befinden sollten, ist es erwähnenswert, dass Bienen Schwarmlockkisten am selben Bienenstand besetzen wie die Kolonie, aus der sie abgehen.

Um dem Hohlraum den Geruch zu geben, als wäre er von Bienen besetzt gewesen, kann man einen Bienenstock oder ein Teil eines Bienenstocks verwenden, z. B. ein propolisiertes Warré-Abdecktuch. Einige reiben die Innenseite mit Bienenwachs ein. Wirkungsvoller ist ein Stück einer leeren Honig- oder Brutwabe, die frei von klinischen Anzeichen einer Brutkrankheit sein muss. Im Zweifelsfall sollten Sie sie nicht verwenden. Anstatt den Hohlraum mit Bienengeruch zu versehen, benutzen manche Imkerinnen ein paar Tropfen Zitronengrasöl *(Cymbopogon citratus)* oder ein synthetisches Schwarmlockpheromon, welches bei Imkereianbietern in Plastikfläschchen erhältlich ist und innen in der Schwarmlockkiste befestigt wird.

Der Hohlraum kann alles sein, von einem Pappkarton bis zu einer 2-Zargen-Warré-Beute, die fertig eingerichtet ist, um ein Bienenvolk unterzubringen. Wenn ein Pappkarton verwendet wird, dann muss er vor Witterungseinflüssen geschützt werden und der Schwarm darf nicht so lange darin verweilen, bis die Bienen anfangen, die Pappe zu zerkauen. Die amüsantesten Schwarmlockkisten, die ich gesehen habe, waren Schrankkoffer auf Balkonen in Wohnhochhäusern (siehe Abb. 13.1, S. 131). Eine preiswerte und leichte Schwarmlockkiste, die recht einfach an Bäumen usw. angebracht werden kann, besteht aus zwei miteinander verbundenen Pflanzentöpfen aus Naturfaser. Das kombinierte Volumen mag kleiner sein als von Bienen bevorzugt, aber wie Seeley und Morse herausfanden, wurden selbst 10-Liter-Hohlräume nicht völlig abgelehnt, wenn sie andere Kriterien erfüllten. Einige Fasertöpfe haben jedoch ein Fassungsvermögen von bis zu 56 Litern.

Im Frühling verteile ich ungefähr 15 Schwarmlockkisten in meiner Gegend, oft gelegen an Mauern und Dächern. Manche Fluglöcher sind für Grundeigentümer sichtbar, wenn sie vorbeigehen, und sie benachrichtigen mich, wenn Kundschafterbienen gesichtet werden. Ansonsten kontrolliere ich bei einer täglichen Tour.

Aus Sicht des Schwarms ist es besser, wenn er vom Zeitpunkt der Ankunft in seine ausgewählte Höhle sein Nest ununterbrochen bauen und am selben Ort verbleiben kann. Dies würde für eine Schwarmlockkiste an ihrem endgültigen Standort an einem Bienenstand gelten. Es wird sogar gesagt, dass Kolonien, die auf diese Art angefangen haben, besser abschneiden als diejenigen, die woanders einlogiert oder auch nur umgesiedelt wurden. Dies habe ich jedoch nicht ausprobiert. In den meisten Fällen wird es unpraktisch sein, die besetzte Schwarmlockkiste zu belassen, sodass ein Einlogieren in eine neue Beute oder Umsiedeln erforderlich ist.

Sobald sich ein Bienenvolk in einer Schwarmlockkiste befindet, ist es unerlässlich, es am Tag des Einzugs an seinen endgültigen Standort zu bringen. Andernfalls orientieren sich die Bienen an der Schwarmlockkiste, und wenn sie an einen Stellplatz innerhalb eines Radius von 4 km verbracht werden, könnte dies dazu führen, dass das Volk viele Bienen verliert. In einem Fall entwich ein Schwarm, der mir von einem anderen Imker abgenommen worden war, und kehrte über eine Entfernung von knapp 2 km zu meiner Schwarmlockkiste zurück. Dies wurde vom Imker bestätigt, der die Richtung sah, in der der Schwarm davonflog, und ich fand meine Kiste kurze Zeit später wieder von einem Schwarm besetzt, der das gleiche Gewicht besaß wie jener, den er erhalten hatte.

5.2 Schwarmlockkiste in Warré-Größe und Schwarmtransportkiste

Ein weiterer Grund, am selben Tag mit Schwarmlockkisten tätig zu werden, ist, dass ein Schwarm schnell seine Waben baut und füllt, die verschwendet würden, wenn die Schwarmlockkiste nur eine vorübergehende Angelegenheit ist.

Wenn Sie etwas zu spät beim Umsiedeln Ihres eintreffenden Schwarms gewesen sind, hat die folgende Methode bei mir geholfen, verloren gegangene Bienen wiederzubekommen. Wenn der Schwarm einlogiert ist, legen Sie in der Abenddämmerung Gras ganz locker auf das Flugbrett sowie ein paar Äste um das Flugloch herum. Diese Hindernisse führen dazu, dass Bienen, die am nächsten Morgen ausfliegen, sich an der neuen Fluglochform und dem neuen Bienenstockstandort neu orientieren. Aber einige werden noch zu der Stelle zurückfliegen, wo die Schwarmlockkiste war. Stellen Sie daher an diesen Ort eine leere Beute oder eine andere geeignete Behausung auf, die auch die

Schwarmlockkiste sein könnte. Bringen Sie diese bei Einbruch der Dunkelheit zum Rest des einlogierten Schwarms und platzieren Sie die beiden Fluglöcher so nah aneinander wie möglich. Verirrte Bienen, die aus der vorläufigen Behausung ausfliegen, wittern das Muttervolk und kehren zu ihm zurück. Dies muss eventuell ein- oder zweimal wiederholt werden.

Eine vielseitig einsetzbare Konstruktion einer Schwarmlockkiste für Warré-Imker stellt eine leichte Sperrholzkiste dar, die die Gestalt und Innenmaße von zwei miteinander verbundenen Warré-Zargen besitzt, ausgestattet mit zwei Griffen und einem abnehmbaren Gitter aus acht gewachsten Oberträgern im richtigen Abstand, die als Einheit angehoben und in eine Warré-Beute eingesetzt werden. Durch das geringe Gewicht kann die Kiste leicht an einen Baum oder Telefonmast gehängt werden. Zusätzliche Merkmale beinhalten ein mit einem Gitter verschließbares und zu öffnendes Flugloch sowie mit Gitternetz versehene Belüftungslöcher oben und unten. Solch eine Schwarmlockkiste eignet sich auch zum Fangen und Transportieren eines Schwarms. Da es auf den ersten Blick nicht immer möglich ist, anhand der Fluglochaktivitäten zu sagen, ob ein Schwarm eingezogen ist, befindet sich im oberen Teil der Rückseite ein kleines Fenster. Die Konstruktion der Kiste ermöglicht es, dass ein Schwarm eine beachtliche Entfernung transportiert werden kann, selbst tagsüber, und einmal am gewählten Standort angekommen, kann er einige Tage vor seinem endgültigen Umzug in die Beute in der Kiste belassen werden.

In manchen Ländern müssen Bienenbeuten beim Bienengesundheitsamt gegen Zahlung einer Gebühr angemeldet werden, und sogar Schwarmlockkisten gehören dazu. Die daraus resultierende Bürokratie und die Kosten können diese Methode, Bienen auf diese Art zu erhalten, weniger attraktiv machen.

5.3 Ein in eine Schwarmlockkiste einziehender Schwarm über der Veranda des Autors

# 6 Einzug in den Bienenstock

Ich bevorzuge es, Bienen in der Stunde vor Sonnenuntergang in den Bienenstock einzulogieren. Die Bedingungen sind kühler und gedämpfter. Es ist weniger wahrscheinlich, dass die Bienen zu diesem Zeitpunkt wieder ausziehen. Ich hatte nur einmal ein Problem mit dem Einlogieren am späten Abend, und das war, als nach einiger Verzögerung die Dämmerung schneller als gewünscht einsetzte und viele desorientierte und verärgerte Bienen an unserer Kleidung klammerten. Seien Sie daher gewarnt und lassen Sie es nicht bis zur Dämmerung kommen.

Hier ist eine Auflistung von grundlegenden Dingen, bevor Sie zu Ihrem Bienenstand gehen: Beutenstandort/-stand vorbereitet; vollständige Beute mit zwei Zargen; gewachste und in beide Zargen eingesetzte Oberträger; geleimtes Abdecktuch für Oberträger; grundlegende Imkerwerkzeuge plus Zuckerlösungssprüher/-vernebler (1 : 2 Zucker : Wasser nach Volumen) und Abstandsschablone für Oberträger (Versandbienen einlogieren); Schleier; Laken & Brett (nur beim Einlaufen der Bienen, Brettgröße ungefähr 60 × 90 cm); Zange; Trichter oder Warré-Zarge ohne Oberträger (zwei Zargen im Fall von Versandbienen); Bienen im Schwarmbehälter oder im Paket oder als Ableger (Warré oder auf Rähmchen). Ich verweise auf Kapitel 6.3.2 für zusätzliche Ausrüstung zum Einsetzen von Ablegern.

Bei Schwärmen gibt es zwei Möglichkeiten: Einschlagen/Einkippen oder Einlaufen. Für mich ist das Einlaufen die genussvollere, aber auch meistens die langsamere Methode der beiden, da es durchschnittlich etwa eine halbe Stunde dauern kann.

Die Zargen können als «Kaltbau», d. h. Waben und Oberträger im rechten Winkel zum Fluglochschlitz, oder als «Warmbau» mit den Waben parallel zum Flugloch eingerichtet werden. Ich überlasse es der Leserin bzw. dem Leser, die ganze Bedeutung dieser alten Imkerbegriffe herauszufinden. Obwohl Warré dazu rät, im Sommer Kaltbau und im Winter Warmbau zu verwenden, nutze ich das ganze Jahr über Kaltbau, allein aus dem Grund, dass die Bienen keine generelle Präferenz für die Ausrichtung der Waben bezüglich des Fluglochs haben und ihr Wabenwerk im Herbst oder Frühling sicherlich nicht durch eine 90-Grad-Drehung anpassen würden.

Eine ideale Zeit zum Einlogieren von Völkern auf der Nordhalbkugel ist der Beginn der Löwenzahnblüte. Wenn dies jedoch bei weniger guten Nahrungs- oder Wetterbedingungen erfolgen muss, dann überlegen Sie, ob Sie füttern müssen. Wenn Füttern notwendig ist, bei Bienen, die nicht auf Waben einlogiert werden, so wird eine Fütterung von oben im Bienenstock empfohlen (Kapitel 11.1).

Falls Ihre Bienen sich in einem Bezirk befinden, der anfällig für Faulbrut ist, und Sie beabsichtigen, Schwärme mit unbekannter Herkunft einzulogieren, wären einige Vorkehrungen in Biosicherheit klug. Bienen, die ein Volk verlassen, bei dem Symptome von Faulbrut vorhanden sind, können eine große Anzahl von Sporen der Krankheitserreger in ihren Honigmägen haben, zusammen mit dem Honig, den sie beim Flug und für den Aufbau ihrer neuen Behausung mit sich führen. Eine Vorsichtsmaßnahme wäre es, die Bienen etwa drei Tage lang Waben bauen zu lassen, sie dann in eine Kiste mit frischen Oberträgern umzulogieren und die bereits gebauten Waben einzuschmelzen. Eine weitere Maßnahme wäre, die Kolonie unter Quarantäne zu stellen, vorzugsweise an einem Quarantäne-Bienenstand, und wenn sie sich gut entwickelt hat, die Waben auf Anzeichen von Faulbrut zu untersuchen.

## 6.1 Schwärme

Wenn Sie Ihren Schwarm in eine oder zwei Warré-Zargen getan haben, gibt es ein bisschen mehr zu tun, als ihn mit mindestens zwei Zargen auf das Bodenbrett und den Bienenstand zu setzen und das Kissen und Dach anzubringen. Siehe auch Kapitel 6.1.3.

### 6.1.1 Einen Schwarm einlaufen lassen

Stellen Sie Ihren Bienenstock mit zwei Zargen und den gewachsten Oberträgern in seine endgültige Ausrichtung auf. Bringen Sie das Abdecktuch, das Kissen und das Dach an. Platzieren Sie das Einlaufbrett so, dass es vom Boden zum Anflugbrett ansteigt. Bedecken Sie es mit einem Laken und bringen Sie das Laken auf beiden Seiten des Einlaufbretts auf dem Boden so an, dass alle Bienen erwischt werden, die das Brett verfehlen. Beschweren Sie die Ränder des Lakens mit kleinen Steinen, falls es windig ist.

Entfernen Sie die Abdeckungen der Schwarmkiste und kippen Sie die Bienen mit einem harten, aber nicht zu heftigen Schütteln auf das obere Ende des Einlaufbretts direkt vor das Flugloch. Sie werden sich wie Sirup ausbreiten, und einige werden auffliegen. Schütteln oder bürsten Sie die restlichen Bienen aus der Schwarmkiste oder stellen Sie diese mit der offenen Seite in Richtung Schwarm. Sie können die Flügel derjenigen Bienen mit Sirupwasser besprühen, die sich auf dem Brett befinden, falls zu starker Aufflug entsteht. Normalerweise ist dies jedoch nicht nötig, da sich die auffliegenden Bienen bald wieder dem Schwarm anschließen. Innerhalb weniger Sekunden nach dem Auskippen geht eine Art von «Brausen» von der Masse aus, und die Bienen drängen durch das Flugloch. Viele Nasonov-Drüsen sind freigelegt und der zitronige Duft des «Hier geht's lang, Mädels!»-Pheromons kann festgestellt werden. Wenn Sie sorgfältig beobachten, dann können Sie mit etwas Glück die Königin über die Rücken der Arbeiterinnen huschen sehen.

Die schnellste Besiedlung, die ich auf diese Art machte, dauerte etwa 10 Minuten. Die langsamste hat mich schließlich gezwungen, bei Einbruch der Dunkelheit nach Hause zu gehen und eine große Schwarmtraube am Anflugbrett hängen zu lassen. Aber am Morgen waren stets alle Bienen im Stock drinnen. Gleichmäßiges Klopfen auf das Brett für eine kurze Zeit, gefolgt von einer Pause, kann das Einlaufen des Schwarms beschleunigen. Sie können auch eine Feder benutzen, um Bienen in Richtung Flugloch zu schaufeln. Rauch kann kleinen Gruppen von Nachzüglern zum Fortbewegen gegeben werden, es kann sie jedoch auch desorientieren. Schließlich können Sie das Laken wegnehmen und etwas später das Brett.

6.1 Ein Schwarm läuft in eine Beute ein.

Es passiert selten, dass die Traube nicht in der oberen Zarge hängt und dort mit dem Bauen beginnt. Wenn die Bienen in der Zarge unterhalb anfangen zu bauen, dann tauschen Sie nur die Plätze der beiden Zargen und behalten die Ausrichtung in Bezug auf das Flugloch bei.

Ein Kunstschwarm Versandbienen wird genauso einlogiert, entweder durch direktes Freilassen der Königin am Flugloch, *unmittelbar* bevor die Bienen auf sie geschüttet werden, oder durch Aufhängen ihres Käfigs an den Oberträgern der oberen Zarge, nachdem der Korken entfernt wurde, der den Futterteig abdeckt. Das Öffnen und Handhaben von Versandbienen wird in Kapitel 6.2 beschrieben.

### 6.1.2 Einen Schwarm einschlagen/einkippen

Haben Sie für den Fall einen angezündeten Smoker parat. Stellen Sie Ihren Bienenstock mit zwei Zargen und gewachsten Oberträgern im «Kaltbau», d.h.

im rechten Winkel zum Fluglochschlitz, in seiner endgültigen Ausrichtung auf. Halten Sie Abdecktuch, Kissen und Dach bereit. Setzen Sie eine Zarge ohne Oberträger oder einen Trichter nach eigenen Entwürfen, der aus Karton sein kann und der für ein besseres Rutschen mit Plastik bedeckt ist, oben auf die Beute. Entfernen Sie alle Abdeckungen von Ihrem Schwarmbehälter (Kiste, Korb usw.), wenden Sie ihn und geben Sie ihm ein oder zwei starke Schläge, um die Schwarmtraube aufzulösen, und schütten Sie dann die Bienen wie Kaffeebohnen in die Beute. Schlagen Sie erneut gegen den Behälter, um mehr Bienen abzulösen, und schütten Sie sie ein. Stellen Sie den Behälter vor das Flugloch, damit die wenigen noch übrigen Bienen den Weg zu ihren Schwestern im Bienenstock finden.

Die Bienen werden nach und nach unter den Oberträgern verschwinden. Bürsten Sie alle ab, die sich noch in der oberen Kiste oder dem Trichter befinden. Der leichte Einsatz eines Wassersprühers oder -zerstäubers kann an dieser Stelle ab und zu notwendig sein. Wenn alle bis auf ein paar Bienen unten sind, tauschen Sie die Kiste bzw. den Trichter gegen das Abdecktuch aus. Die Bienen, die es nicht mögen, darauf zu verweilen, krabbeln zwischen den Oberträgern nach unten. Wenn das Tuch auf den Oberträgern aufliegt und dort keine Bienen gefangen sind, setzen Sie das Kissen und das Dach auf.

### 6.1.3 Flucht

Wenn ich wegen anderer Verpflichtungen Schwärme am Nachmittag einlogieren musste, sind sie gelegentlich entwischt. In einem Fall musste ich das Einfangen und Einlogieren zweimal wiederholen. Flucht könnte durch Überhitzung in der heißen Nachmittagssonne ausgelöst werden oder vielleicht auch dadurch, dass die Bienen den Geruch eines ganz neuen Bienenstocks nicht mögen.

Abgesehen vom Einlogieren gegen Sonnenuntergang besteht eine nützliche Vorsichtsmaßnahme zum Vorbeugen einer Flucht darin, ein Absperrgitter unter der Schwarmtraube anzubringen, welches hier als *Einschluss* fungiert. Dies muss geschehen, sobald die Bienen in den Stock eingezogen sind und der Großteil von ihnen mit der Königin in der oberen Zarge hängt. Besonders im Fall des Einlaufens eines Schwarms, wenn es zu früh gemacht wird, könnte die Königin unter dem Gitter gefangen sein. Wenn sich die Kolonie nach dem Einlogieren eines Schwarms angesiedelt hat, entfernen Sie das Dach und heben Sie den Bienenstock und das Kissen *vorsichtig* vom Beutenboden ab und stellen ihn zur Seite. Platzieren Sie auf dem Beutenboden einen Zusatzkasten, der hier alles sein kann, vom Holzrahmen von etwa 25 mm Tiefe bis zu einer Zarge ohne Oberträger, und legen Sie ein Absperrgitter darauf. Stellen Sie den Bienenstock mit den Bienen wieder zurück und setzen Sie das Dach auf. Belassen Sie den Einschluss in dieser Form nicht länger als ein *paar* Tage. Wenn ich den Einschluss benutze, dann entferne ich ihn gewöhnlich etwa 24 Stunden später. Wenn der Schwarm klein ist (Nachschwarm, Sekundärschwarm), könnte er eine unbegattete Königin enthalten, die in der Lage sein muss, sich zu paaren.

Hat ein Schwarm die mitgebrachten Vorräte aufgebraucht, gewöhnlich zwischen dem zweiten und dritten Tag nach dem Auszug, so ist das Risiko von Flucht gering, da dem Schwarm die Energie fehlt, um fortzufliegen und sich anderswo niederzulassen, und er sich in der Regel auf die neue Behausung festgelegt hat. Vermeiden Sie daher das Füttern, bis dieser Zeitraum vorbei ist.

## 6.2 Versandbienen

Da Imkerinnen und Imker gewöhnlich viel Geld für Versandbienen ausgeben, möchten sie im Vorfeld sicherstellen, was beim Einlogieren genau zu tun ist und, wenn nötig, dies vorher mit einer Probe testen und/oder Videos des Vorgangs im Internet hierzu anschauen. Das schlimmste, jedoch seltene Szenario bei diesem Vorgang ist der Verlust oder Tod der Königin. Aber selbst das kann durch den schnellen Kauf einer Ersatzkönigin oder durch Ersatz von einem freundlichen Nachbarimker gelöst werden. Für die folgenden Anweisungen danke ich John Moerschbacher (Kanada), der Tausende von Versandbienen in Langstroth-Beuten einlogierte, bevor er es mit Warré-Beuten probierte. Für den Warré-Stock beschreibt er zwei Methoden, die entweder das direkte oder indirekte Freilassen der Königin umfassen sowie die geringfügige Abwandlung, die erforderlich ist, wenn man den fertigen, bevölkerten Bienenstock mit *festen* Oberträgern haben möchte.

6.2 Versandbienen, inklusive Nahaufnahme der gekäfigten Königin

### 6.2.1 Direktes Freilassen der Königin

Ein Paket mit Versandbienen (Kunstschwarm) kann durch direktes Freilassen der Königin einlogiert werden, wenn sie für mindestens zwei Tage bei den Bienen war. Als zusätzliches Werkzeug zum Einlogieren brauchen Sie einen 75 mm langen Nagel.

Sprühen Sie die Bienen für ein paar Stunden halbstündlich leicht mit verdünntem lauwarmem Sirup ein, bevor sie einlogiert werden. Durchnässen Sie sie aber nicht. Wenn Sie den Käfig ein wenig kippen und nur etwas das Gitter bzw. Netz besprühen, dann reicht es aus. Erlauben Sie den Bienen, den Sirup aufzunehmen und sich gegenseitig zu putzen. Sie werden Tausende von kleinen Zungen sehen, die das Gitter ablecken. Füttern Sie nicht zu viel und zu oft bis einige Stunden vor dem Einlogieren. Zu viel Füttern zu einem frühen Zeitpunkt kann zu verstärktem Wachsbau rund um die Futterdose führen, was die Entnahme erschwert.

Bevor Sie die Bienen in die Beute geben, sollten sie in einem Raum mit wenig Licht oder im Dunkeln bei etwa normaler Raumtemperatur oder etwas weniger abgestellt werden, insbesondere wenn die Außentemperatur beim Einlogieren unter 13 °C liegt. Dies hilft dabei, die innere Temperatur der Bienen zu erhöhen, um sie auf die kalten Bedingungen vorzubereiten, unter denen sie möglicherweise in den neuen Bienenstock einziehen. Beim Einlogieren werden sie rege genug sein, sich oben zu einer Traube zusammenzufinden, selbst wenn die Außentemperatur sehr niedrig ist. Wenn Sie Versandbienen bei warmem Wetter in den Bienenstock geben, behalten Sie das Paket zuvor für einige Stunden in einem kühlen, dunklen Raum, damit sich die Bienen beruhigen. Bis kurz vor dem Einlogieren ist kein Besprühen notwendig. Egal ob Bienen bei warmem oder kaltem Wetter einlogiert werden, ein leichtes Besprühen wird empfohlen. Dies dient nicht dazu, den Duft der Bienen oder der Königin zu überdecken, die von verschiedenen Völkern stammen, sondern einfach dazu, ihre Aufmerksamkeit von dem Trauma abzulenken, zu einer Sache hin, die ihnen mehr gefällt. Auch wenn Ihre Beute nachher mit festen Oberträgern betrieben wird, verfahren Sie zunächst wie bei losen Oberträgern.

#### 6.2.1.1 Nicht befestigte/genagelte Oberträger

Stellen Sie zwei leere Warré-Zargen (d.h. ohne Oberträger) auf den Boden (Bodenbrett). Schütteln Sie das Paket, um die Bienen auf den Boden des Käfigs zu stoßen. Verwenden Sie den Nagel, um den Rand der Futterdose hochzuhebeln, damit Sie diese festhalten und entfernen können. Wenn es Schwierigkeiten gibt, ziehen Sie die Dose mit einer Zange hoch, bis Sie sie greifen können. Nachdem die Dose entfernt wurde, sprühen Sie die Bienen leicht mit Sirup ein. Entfernen Sie den Königinnenkäfig und ziehen Sie den Korken vorsichtig heraus, indem Sie sofort Ihren Daumen über die Öffnung legen. (Es gibt selten, wenn überhaupt, einen Verschluss mit Futterteig. Man findet Futterteigverschlüsse gewöhnlich nur in sogenannten Drei-Loch-Zusetzkäfigen, bei welchen Königinnen individuell mit einigen Arbeiterinnen als Begleitbienen verschickt werden.)

Stellen Sie den Königinnenkäfig mit dem Gitter nach oben auf den Beutenboden. Nachdem Sie den Daumen von der Öffnung genommen haben, kippen Sie die Bienen *sofort* aus dem Paket auf die Königin. Versuchen Sie, mit einer schnellen Schüttelbewegung 99 % der Bienen hineinzubekommen. Dann rütteln Sie die Versandbox so, dass die restlichen Bienen in einer Ecke zu einer Kugel «gerollt» werden. Diese Kugel kann dann leicht aus der Öffnung in den Bienenstock gerollt werden. Besprühen Sie die Bienen erneut und setzen Sie dann die Oberträger in die obere Zarge ein. Fügen Sie das Abdecktuch, Kissen und Dach hinzu. Eine Abstandsschablone für die Oberträger ist hierbei hilfreich.

Das Schließen des Bienenstocks könnte das Anbringen eines Fütterers von oben beinhalten, besonders wenn die Wetterbedingungen oder der Mangel an verfügbarer Nahrung dies erfordern (Kapitel 11.1). Wenn Sie bei kaltem Wetter einlogieren, dann muss die Futterquelle von der Bienentraube, die an den Oberträgern hängt, gut erreichbar sein, sonst könnten Sie innerhalb weniger Tage verhungerte Bienen haben. Daher ist ein Bodenfütterer bei diesen Bedingungen nicht akzeptabel.

Heben Sie nach ein oder zwei Tagen die obere Zarge mit Abdecktuch und Kissen ab und setzen Sie sie auf ein Gestell. Entfernen Sie den jetzt leeren Königinnenkäfig, setzen Sie die Oberträger in die untere Zarge ein und stellen Sie die obere Zarge wieder darauf. Abdecktuch und Kissen sind bis zur Erntezeit niemals vom Stock zu nehmen, es sei denn, von oben wird gefüttert oder es wird in der folgenden Woche oder bei Gelegenheit entdeckt, dass die Königin nicht angenommen wurde, möglicherweise durch eine zu kurze Übertragungszeit, um die Kolonie an sie zu gewöhnen. Zu den sichtbaren Zeichen gehören eine tote Königin am Fluglochbereich, kein Einbringen von Pollen nach ein paar Tagen, das Fehlen einer dichten Bienentraube in der oberen Zarge und wenig Wabenbau.

#### 6.2.1.2 Befestigte/genagelte Oberträger

Das Vorgehen unterscheidet sich nur geringfügig vom oberen. Kippen Sie die Bienen ebenfalls in zwei leere Zargen (d. h. ohne Oberträger), aber sobald sie drin sind, setzen Sie einfach eine dritte Zarge mit Oberträgern, die im richtigen Abstand zueinander fixiert sind, auf. Wenn Sie nach einem Tag oder bei Gelegenheit nachschauen, dann ersetzen Sie die beiden unteren leeren Kästen durch eine Zarge mit Oberträgern. Die zusätzliche Strecke, die die Bienen bis zur Traube krabbeln müssen, stellt in keiner Weise ein Problem dar, wenn sie von Anfang an warm sind.

### 6.2.2 Freilassen der Königin durch die Bienen (indirekte Methode)

Eine alternative Methode bei einem Versandpaket beruht darauf, es hochkant in die untere Zarge, bei der die Oberträger entfernt wurden, zu platzieren.

Legen Sie zwei kleine Stäbe auf den Beutenboden (Bodenbrett), die ungefähr die Dicke eines Bienenabstands oder mehr haben, stellen Sie dann eine Zarge ohne Oberträger auf den Boden. Nehmen Sie zuerst die Futterdose und den Zusetzkäfig aus dem Paket heraus (Kapitel 6.2.1.1) und schütten Sie die meisten Bienen in die Zarge hinein. Stellen Sie das Paket mit den restlichen Bienen hochkant auf die Stäbe und achten Sie darauf, keine Bienen zu quetschen. Setzen Sie zwei Kästen mit Oberträgern auf die untere Zarge, wobei die zusätzliche Zarge dafür da ist, dass die Bienentraube ohne Behinderung über der Versandbox hängen kann. Entfernen Sie den Verschluss über dem Futterteig/Fondant des Ausgangslochs des Königinnenkäfigs (oder falls dort kein Futterteig ist, wie es normalerweise der Fall ist, ersetzen Sie den Käfigverschluss durch einen Verschluss aus weichem Futterteig/Fondant und *achten Sie darauf, dass die Königin nicht entwischt*), dann befestigen Sie den Käfig an den Oberträgern der oberen Zarge, sodass weder die Seite mit dem Gitternetz noch das Loch mit dem Futterteig bedeckt ist. Schließen Sie die Beute. Am nächsten Tag, wenn sich die Traube in der oberen Zarge um die Königin herum gebildet hat, entfernen Sie die untere Zarge, das Versandpaket und die Stäbe. Wenn nach ein paar Tagen kein Pollen eingetragen wird, ist es gut zu überprüfen, ob die Bienen die Königin freigesetzt haben und, falls nicht, sie dann selbst freizulassen.

Es passiert selten, dass die Traube nicht im oberen Kasten hängt und dort mit dem Bauen beginnt. Falls sie in der Zarge unterhalb anfängt, vertauschen Sie bloß die Plätze der beiden Kästen, aber behalten Sie die Ausrichtung in Bezug auf das Flugloch unverändert bei.

Wenn Sie die Königin ersetzen müssen, dann ist indirektes Freilassen unabdingbar, da sie nicht, wie beim Versand, ein paar Tage auf dem Transport gewesen sein wird, damit sich die Bienen an sie gewöhnen konnten und sie sie sehr wahrscheinlich töten werden (siehe Kapitel 7.7).

## 6.3 Ableger

### 6.3.1 Ableger in Warré-Zargen

Die harte Arbeit ist für Sie schon getan! Richten Sie Ihren Bienenstock mit einer Zarge und den Oberträgern auf dem Boden ein und halten Sie Abdecktuch, Kissen und Dach bereit. Entfernen Sie den Transportschutz vom Warré-Ableger und platzieren Sie ihn in der richtigen Ausrichtung auf der unteren Zarge. Wegen der kleinen Koloniegröße und der Einfachheit der Handhabung ist es unwahrscheinlich, dass Sie Rauch einsetzen, aber haben Sie Ihren Smoker angezündet, nur für den Fall. Prüfen Sie, ob Füttern notwendig ist (Kapitel 11). Schließen Sie den Bienenstock.

### 6.3.2 Ableger auf Rähmchen

Die zwei Möglichkeiten, um ein Bienenvolk in einen Warré-Stock zu bekommen, sind: «nach unten wachsen lassen» oder «Rähmchen aufbrechen und zuschneiden». Die letzte Methode ist so drastisch, dass ich sie als eine Methode des letzten Auswegs ansehe. Da sie jedoch das Volk in einem einzigen Arbeitsgang in einen Warré-Stock überträgt und keine weitere Handlung notwendig ist, könnte man sie auf lange Sicht als die weniger aufdringliche der beiden Methoden betrachten.

6.3 Transferbox und Adapter

#### 6.3.2.1 Einen Ableger nach unten wachsen lassen

Um einen Ableger nach unten wachsen zu lassen, müssen Sie eine Transferbox bauen, die zu den Rähmchen passt und die auf einem speziell angefertigten Adapterbrett auf dem Warré-Stock sitzt. Über das Ganze wird ein provisorisches Dach aufgesetzt, und da der Vorgang ein Jahr dauern könnte, muss der Ablegerkasten möglicherweise wärmemäßig abgedichtet werden, wenn er aus dünnem Holz besteht. Wenn der gelieferte Ablegerkasten nicht zurückgesendet wird, können Sie möglicherweise die Rähmchen bzw. Waben darin belassen und so verwenden, wie er geliefert wurde, indem Sie von der Unterseite das angebrachte Schutzgitter entfernen. Es hilft, die Unterleisten der Rähmchen zu entfernen, damit die Bienen die Waben nach unten ausdehnen können und somit näher an Ihre Warré-Oberträger heranreichen.

Die Idee ist, dass das Ablegervolk nach unten wächst und Sie schließlich die mit Honig gefüllten Waben ernten, als wäre es eine Warré-Zarge. Aber häufig, besonders in nektararmen Gegenden, ist das Brutnest bis zum Ende der Saison nicht genügend gewachsen, sodass die Imkerin sich damit konfrontiert sieht, einen unsicheren und thermisch ineffektiven Aufbau vor dem Winterwetter zu schützen. Um das Wachstum zu beschleunigen, können Sie eine etwas stärker eingreifende Methode benutzen, die ein Abschütteln/Abbürsten mit der Verwendung eines Absperrgitters verbindet. Wenn im Warré-Stock mindestens eine Wabe vorhanden ist, werden alle Bienen nach unten hineingeschüttet bzw. abgebürstet oder, wenn Sie sicher im Finden der Königin sind, wird sie mit einem Abfangkäfig gefangen und am Ende des Hineinschüttens zu den restlichen Bienen hinzugegeben. Möglicherweise müssen Sie einen einfachen Trichter für das Abschütteln herstellen (Abb. 6.4) oder zumindest eine leere Warré-Zarge als Trichter verwenden.

6.4 Trichter für Abschütteln/Abbürsten

Entfernen Sie die Transferbox und setzen Sie sie in einer bequemen Höhe direkt neben dem Warré-Stock ab, damit die Königin nicht auf die Erde fallen kann. Entfernen Sie das Adapterbrett und setzen Sie auf die Warré-Beute einen Trichter oder eine Warré-Zarge ohne Oberträger auf. Wenn Sie eine Zarge benutzen, ist es unwahrscheinlich, dass sie ein Ableger-Rähmchen aufnehmen kann, selbst wenn das Rähmchen über die Diagonale der Zarge gehalten wird, sodass die Gefahr besteht, dass Bienen außerhalb der Zarge fallen, im schlimmsten Fall die Königin. Daher gibt es zwei Möglichkeiten. Die erste besteht darin, das Rähmchen senkrecht am oberen Ohr zu halten, es ein wenig in die Warré-Zarge abzusenken und, während Sie das Ohr fest mit einer Faust greifen, die andere Faust scharf auf diejenige zu schlagen, die das Rähmchenohr hält. Wenn Sie nicht überzeugt sind, dass Sie das Rähmchen bei diesem Verfahren nicht fallen lassen, ist es sicherer, die Bienen in die Zarge zu bürsten, während Sie das Rähmchen auf die gleiche Art halten. Beim Schütteln in einen Trichter mit waagerecht gehaltenem Rähmchen werden die meisten Bienen durch ein kräftiges Schütteln nach unten befördert. Das Schütteln wird ein oder zwei Mal wiederholt, bis keine Bienen mehr auf der Wabe sitzen.

Das Abschütteln/Abbürsten wird Rähmchen für Rähmchen gemacht und *schnell* durchgeführt, um das Auskühlen der Brut zu verringern, die Zarge bzw. der Trichter wird entfernt, nachdem alle Bienen, die sich noch darin befinden, abgebürstet wurden, der Adapter wird wieder oben auf die Warré-Beute gesetzt, ein Absperrgitter darauf platziert und darauf die Transferbox mit allen Bruträhmchen in der gleichen Anordnung wie zuvor. Das provisorische Dach wird wieder angebracht. Angelockt durch die Brut-Pheromone, bewegen sich nun die Ammenbienen nach oben in die Transferbox, um die Brut zu versorgen, die sich kontinuierlich entwickelt und ausschlüpft. Es ist unwahrscheinlich, dass es in diesem Stadium viel Drohnenbrut gibt, darum ist der Einsatz einer Drohnenflucht unnötig. Nach drei Wochen ist alle Brut geschlüpft. Die Transferbox, das Adapterbrett und das Absperrgitter werden jetzt entfernt, und die Warré-Beute wird auf normale Art geschlossen.

Das oben beschriebene Abschütteln kann zur Kunstschwarmbildung eines Bienenvolkes auf Rähmchen in einen Warré-Bienenstock verwendet werden, welches besetzte Weiselzellen enthält und sonst schwärmen könnte. Waben mit Weiselzellen, die Larven enthalten, sollten abgefegt und nicht abgeschüttelt werden. Ein Warré-Stock mit zwei Zargen wird in der gleichen Ausrichtung auf den Platz der Rähmchenbeute gestellt. Nach dem Abschütteln/Abfegen wird ein Adapter für die Brutzarge mit Rähmchen auf dem Warré-Stock angebracht, gefolgt von einem Absperrgitter, der Brutzarge der Rähmchenbeute und den Abdeckungen. Nachdem Sie diese Zusammensetzung nur für wenige Stunden (mindestens 2) belassen haben, um die Waben wieder mit Bienen zu besetzen, wird die Rähmchenbeute so weit wie möglich an einen anderen Stellplatz am selben Bienenstand gebracht. Alle Flugbienen fliegen automatisch zum Warré-Stock, der nun an der Stelle steht, an die sie sich gewöhnt haben, und schließen sich der Königin an. Das Volk in der Rähmchenbeute beendet das Nachziehen neuer Königinnen und führt sein Leben weiter.

Warré beschreibt ausführlich (*Bienenhaltung für alle,* S. 116–120) die traditionelle Methode der Besiedlung eines Bienenstocks durch Treiben der Bienen von einem Stock zum anderen – beide sind normalerweise Körbe – durch das Trommeln mit Stöcken.[35] Obwohl dies bei Rähmchenbeuten angewendet werden kann, ist es nicht verbreitet und wird hier nicht weiter besprochen.

#### 6.3.2.2 Einen Ableger übertragen durch «Aufbrechen und Schneiden» – eine Methode als letztes Mittel

Dieses Verfahren wird von Imkerinnen und Imkern benutzt, die Bienen in Oberträgerbeuten halten und Ableger auf Rähmchen kaufen. Ich selbst habe es nicht ausprobiert, aber Raimund Henneken, auf dessen Bericht dieser Abschnitt fußt, findet, dass es schnell und effektiv ist. Die Bienen werden in einem einzigen Arbeitsgang in die Beute übertragen, anders als bei der oben beschriebenen Methode des Herunterwachsens.

Das Ziel ist, so viel von jedem Ableger-Rähmchen und der Wabe wegzuschneiden und die Waben an den Oberträgern zu belassen, dass sie in eine Warré-Beute passen. Dies ist stark eingreifend, da es das Schneiden durch Brutwaben beinhaltet und damit Larven und Puppen getötet werden. Kurzfristig ist es also stressiger für die Bienen und den Imker. Vom Standpunkt des naturnahen Imkerns sollte es eindeutig als ein letztes Mittel angesehen werden. Es unterscheidet sich jedoch im Prinzip nicht vom Ausschneiden bzw. von der Rettung einer Kolonie aus einem Gebäude. Die Waben bereits auf Rähmchen und Oberträgern zu haben, ist allemal praktikabler als ein solches Ausschneiden. Es ist ratsam, eine zweite Person dabeizuhaben, vorzugsweise einen erfahrenen Imker, der im Voraus über die Einzelheiten des Vorhabens unterrichtet ist. Vergegenwärtigen Sie sich den ganzen Ablauf, bevor Sie ihn durchführen, beachten Sie die zusätzliche Ausrüstung, die Sie benötigen, und überlegen Sie sogar, ob Sie einen Testlauf machen. Sie werden eine «Herzoperation» an Ihrem Bienenvolk durchführen! Es gibt ein ernstes Risiko, die Brut zu unterkühlen.

Der Ableger kann fünf oder sechs Waben umfassen. Erkundigen Sie sich, wenn möglich, im Voraus bei Ihrem Anbieter über die Dicke der Oberträger an der Stelle, die schließlich im Falz des Warré-Kastens aufliegen wird. Wenn der Ableger ankommt, setzen Sie ihn an den Platz, den der Warré-Stock einnehmen wird, wobei das Flugloch die gewünschte Ausrichtung erhält. Er kann dort für einige Tage bleiben, wenn es genügend Platz für die Königin zur Eiablage gibt und er nicht schon in Schwarmstimmung ist. Wenn die Oberträger an den abgetrennten Stellen dicker sind als die 10 mm tiefen Falze in Ihren Warré-Zargen, nageln Sie dünne Holzleisten rund um den oberen Rand der Warré-Zarge, um die entsprechende Tiefe zu erhalten.

Es besteht keine Notwendigkeit, Honigwaben zu übertragen. Sie sind schwer und neigen eher dazu, vom Oberträger abzubrechen. Geben Sie etwas Rauch in den Ableger. Suchen Sie die Königin und sperren Sie sie in einen Käfig. (Ein Clip, der Fänger und Käfig vereint, ist besonders geeignet. Abb. 6.5.)

Stellen Sie den Ableger zur Seite und ersetzen Sie ihn durch eine Warré-Beute (Boden mit Fluglocheinengung, eine Warré-Zarge mit angebrachten Oberträgern, Abdecktuch und Kissen). Der Vorteil ist, dass die Sammelbienen schnell den neuen Stock finden können und nicht während der gesamten Sammeltätigkeit herumfliegen. Packen Sie die Königin in ihrem Käfig auf den Warré-Boden.

6.5 Fangzange/Käfig für Königin

Arbeiten Sie am Ableger einige Meter vom Warré-Bienenstock entfernt, der jetzt die Flugbienen (zurückkehrende Sammlerinnen) aufnimmt. Nehmen Sie die Rähmchen einzeln aus dem Ableger heraus, besprühen Sie beide Seiten mit etwas Wasser und schütteln Sie die Bienen in eine Schwarmbox, eine einfache Kiste mit einem Deckel und zu öffnenden Lüftungsschlitzen, die mit bienensicherem Netz abgedeckt sind. Informationen zur Schütteltechnik erhalten Sie in Kapitel 6.3.2.1. Wenn sich dort viel unverdeckelte Brut befindet, dann seien Sie vorsichtig, wenn Sie die Bienen von den Waben abschütteln, da die Larven sonst herausfallen könnten. Falls notwendig, bürsten Sie die Bienen von den Waben ab. Lagern Sie jede bienenfreie Wabe in einer Kiste einige Meter von der Schwarmbox entfernt. Setzen Sie den Deckel auf die Schwarmbox, öffnen Sie die Lüftungsschlitze und stellen Sie sie in den Schatten in der Nähe des Warré-Stocks.

Nehmen Sie den Kasten mit den Rähmchen und gehen Sie zum Aufbrechen der Rähmchen und Schneiden der Waben zu einem zuvor vorbereiteten Platz. Arbeiten Sie auf einer Oberfläche, die Sie anschließend auswechseln oder leicht reinigen können! Es ist hilfreich, eine Schablone zu haben, die Ihnen zeigt, wo Sie das Rähmchen aufbrechen müssen. (Solch eine Schablone muss natürlich im Voraus hergestellt werden.) Nun sägen Sie das Rähmchen durch und schneiden dann die Wabe zwischen etwaigen Spanndrähten mit einem Messer nach oben in Richtung des Oberträgers ab. Schließlich benutzen Sie eine Schere, um die Spanndrähte durchzuschneiden. Setzen Sie die geschnittene Wabe in eine zweite Warré-Zarge und decken Sie sie ab, um sie warm zu halten. Anstelle einer Säge benutzen einige Imker eine Baumschere, um den Oberträger des Rähmchens durchzuschneiden.

Wenn Sie wollen, können Sie die Seitenteile der beim Schneiden entfernten Waben recyceln. Bereiten Sie im Voraus ein spezielles Gestell vor, um diese Teile aufzunehmen. Stellen Sie nach Möglichkeit sicher, dass die Wabenzellen die richtige Ausrichtung haben.

Stellen Sie die mit Waben gefüllte Warré-Zarge oben auf die erste Zarge am ursprünglichen Ort des Ablegers. Entnehmen Sie zwei oder drei Oberträger an einem Rand der Zarge, um das Übertragen der Bienen zu erleichtern. Schütten Sie die Bienen aus der Schwarmbox zurück in die Beute. Bringen Sie die Oberträger wieder an. Setzen Sie die gekäfigte Königin im Bienenstock frei und decken Sie die Beute in der gewohnten Weise ab. Wenn die Trachtverhältnisse schlecht sind, setzen Sie einen Fütterer hinzu, insbesondere wenn Sie möglicherweise die meisten Honigvorräte entnommen haben. Alle Honigwaben, die nicht an den Oberträgern bleiben, können den Bienen nach dem Entdeckeln in einem Fütterer von oben zurückgegeben werden.

Reinigen Sie die Oberfläche, auf der die Wabe geschnitten wurde, und entfernen Sie eventuelle Waben- und Honigreste an der Stelle, um den Ausbruch von Räuberei zu verhindern.

6.6 Aufgebrochene und geschnittene Rähmchenwabe zur Übertragung eines Ablegers

# 7 Allgemeine Betriebsweise und Beobachtung des Fortschritts

Wie oft Sie Ihre Bienenstöcke besuchen, hängt lediglich von den Beschränkungen der Zeit und der Entfernung ab und ist eine Frage der persönlichen Entscheidung. Warré schien zu glauben, dass der Bienenstock mit nur ein oder zwei Eingriffen im Jahr betrieben werden könne. Wenn Sie sich jedoch um Ihre Bienen sorgen, wie bei Anfängern normalerweise üblich, fällt es Ihnen möglicherweise schwer, sich länger als einen oder zwei Tage nicht um Ihre Bienen zu kümmern. Je häufiger die Besuche stattfinden, desto schneller kann Abhilfe geschaffen werden, wenn ein Problem auftritt. Die sorgfältige Beobachtung der Erscheinungen – Festhalten durch Aufzeichnungen oder Tagebucheintrag, wenn Sie möchten – verwandelt sich schließlich in ein «Gefühl» dafür, ob am Bienenstand alles in Ordnung ist. Wenn ich im Frühling und Sommer zu meinem Bienenstand gehe, besteht meine erste Aufgabe darin, mich nach Schwärmen umzuschauen.

Storch beschreibt, wie viel man anhand der Aktivitäten am Flugloch lernen kann.[36] Alles ist in Ordnung, wenn die Bienen an warmen, regenfreien Tagen zielstrebig ein- und ausfliegen und viele von ihnen Pollen eintragen. Bevor eine Brutzelle verdeckelt wird, benötigt die darin enthaltene Larve jeweils etwas weniger als eine halbe Zelle Honig und Pollen (Bienenbrot) und etwa vier Drittel (1⅓) Zellen Wasser. Erwachsene Bienen benötigen ebenfalls Pollen und Honig, wobei Letzterer auch die Energie liefert, um das Brutnest auf 35 °C zu halten.

Einige Jahre lang habe ich den Flugbetrieb durch Zählen der pro Minute zum Stock zurückkehrenden Bienen ermittelt, aber mein Mentor empfand dieses Zählen als ein wenig zwanghaft! Die heimkehrenden Bienen bringen Nektar, Pollen, Wasser oder Propolis ein oder sind nach einem Orientierungs-, Reinigungs- oder Erkundungsflug tatsächlich auch unbeladen. Über 240 Bienen pro Minute (20 in 5 Sekunden) genau zu zählen wird schwierig. Möglicherweise möchten Sie auch die Pollenträger zählen, um eine Idee zu bekommen, welchen Teil der zurückkehrenden Bienen sie während der Saison ausmachen. Der Fluglochbetrieb hängt natürlich von vielen Faktoren ab, kann aber einen Eindruck von der relativen Stärke eines Volkes geben.

Die obere Zarge kann sich bei guten Trachtverhältnissen innerhalb von zwei Wochen mit Waben füllen, manchmal auch schneller. Etwa zwei weitere Wochen später, jedoch immer vor dem Bedarf, können Sie möglicherweise eine dritte Zarge unterhalb hinzufügen (Kapitel 8).

Wenn es keine Aktivitäten am Flugloch gibt, z. B. im Winter, dann lauschen Sie der Bienentraube, indem Sie ein Ohr an die Zarge in der Nähe des Brutnests legen. Ein Murmeln, Rascheln und Summen zeigt an, dass alles in Ordnung ist. Wenn die Zargenwände besonders dick sind, dann benutzen Sie ein billiges Stethoskop mit abgenommener Membran und führen Sie den Schlauch in das Flugloch ein. Gewöhnen Sie sich an den normalen Geruch des Lüftungszuges am Flugloch.

Beachten Sie, dass für eine routinemäßige Überwachung selten die Notwendigkeit besteht, den Bienenstock von oben zu öffnen, welches die Wärme nach außen lassen würde. Wenn die Beute weder Fenster, Sichtlöcher noch einen abgeänderten Boden hat, um einen Spiegel und Licht einzuführen, und Sie keinen Heber haben, um zu schauen, wie weit das Brutnest fortgeschritten ist und ob eine weitere Zarge benötigt wird, dann schieben Sie den Bienenstock ca. 50 mm auf dem Boden nach hinten, um eine Öffnung zu schaffen. Achten Sie darauf, keine Bienen am Flugloch zu quetschen. Benutzen Sie eine Taschenlampe und einen Spiegel, um die Basis des Brutnests zu betrachten oder, obwohl vielleicht etwas aufdringlicher, um ein Foto mit Blitzlicht zu machen. Eine

7.1 Verschiedene Völker in unterschiedlichen Entwicklungsstadien in der unteren Zarge

Alternative, wenn die Beute nur zwei Zargen umfasst, ist, Dach und Kissen abzunehmen, den Bienenstock auf dem Boden etwa einen Fingerbreit nach vorn zu schieben, ihn, seitlich neben der Beute stehend, leicht nach hinten zu kippen, während Sie ihn hinten fest abstützen und von unten schauen. Dies kann selbst mit drei gut propolisierten Zargen gemacht werden, aber achten Sie darauf, dass Sie die Kraft haben, den Bienenstock beim Nachschauen zu stabilisieren! Hierbei gibt es die Gelegenheit, etwaiges Gemüll zu kontrollieren und zu entfernen (oder eine Probe zu nehmen). Öffnen Sie Ihre Beute selten, um Ihre Bienen nicht übermäßig aufzuregen. Rauch wird für solche Kontrollen normalerweise nicht benötigt.

Ein etwas stärkerer Eingriff beinhaltet das teilweise Abziehen der Rückseite des Abdecktuchs. Beruhigende Zeichen sind jede Menge verdeckelter Honig an den Oberträgern sowie Bienen, die heraufkommen, um zu untersuchen.

Wenn Sie aus irgendeinem Grund das Brutnest kontrollieren müssen, ein Eingriff, den Warré-Imkerinnen und Imker grundsätzlich gern vermeiden wollen, kann dies auf der Grundlage der ganzen Zarge oder durch die Kontrolle einzelner Waben erfolgen (Kapitel 7.2).

## 7.1 Gelegentliche Erscheinungen vor dem Bienenstock

**Orientierungsflüge**: Bienen, die dazu bestimmt sind, neue Sammlerinnen zu werden, können dabei beobachtet werden, wie sie sich an der Vorderseite des Bienenstocks orientieren und sich dann spiralförmig weiter entfernen, um sich ein Bild von der Lage zu machen. Wenn diese Ereignisse stürmischer werden, denken Anfänger manchmal, dass ein Schwarm abgeht. Manchmal ist das auch gar nicht so weit entfernt von der Wirklichkeit. Jürgen Tautz hat Beweise vorgelegt, dass solche «Massenorientierungsflüge» auf die Hochzeitsflüge junger Königinnen vorbereiten, auch wenn sie an einem bestimmten Tag nicht aus dem Stock tritt und fliegt. Mit etwas Geduld entdecken Sie sogar eine Königin, die den Stock verlässt oder zurückkehrt und die manchmal das Paarungszeichen hinten aufweist. Das Summen ihrer Flügel unterscheidet sich von dem der Arbeiterinnen.

**Tuten**: Ich hielt Bienen ein paar Jahre, bevor ich mein erstes Tuten von jungen Königinnen hörte. Dieses eindringliche und überraschend laute Geräusch, eine Kombination aus schrillem Pfeifen und fast einem «Quaken», ist in der Ruhe eines windstillen Abends im Frühling und Sommer besser zu hören.

**Totenfall**: Die Untersuchung ausgeworfener Larven bzw. Puppen und toter oder sterbender Bienen könnte bei der Diagnose von Krankheiten helfen. Ich habe vor den meisten meiner Bienenstöcke eine Platte, die bei einer solchen Überwachung hilfreich ist.

**Drohnen**: An einem warmen Frühlingstag finden endlich die ersten Drohnenflüge statt. Im Spätsommer, obwohl auch manchmal später, werden die Drohnen gewaltsam aus dem Stock vertrieben und viele getötet.

**Wächter**: Manchmal kann eine Gruppe Wächterbienen beobachtet werden, die eine verdächtige Eindringlingsbiene untersucht, die während des Vorgangs eine besänftigende Körperhaltung einnimmt.

**Räuberei**: Im Allgemeinen wird ein Bienenstock von Wespen oder anderen Bienen nur dann ernsthaft durch Räuberei bedroht, wenn sich dieser in einem schwachen Zustand befindet, z. B. wenn das Volk weisellos ist, sodass eine andauernde Räuberei eine genauere Untersuchung rechtfertigt. Räuberei passiert am wahrscheinlichsten spät in der Saison, wenn wenig oder kein Nektar vorhanden ist. Man sieht Bienen, wie sie unablässig Ritzen rund um den Bienenstock untersuchen und die Verteidigung des Fluglochs prüfen. Wenn Sie bemerken, dass Räuberei auftritt, z. B. wenn viele Wespen eindringen oder Bienen mit glänzendem Hinterleib herauskommen oder sich kleine Wabenteile am Flugloch befinden, dann versuchen Sie, einen Räubereischutz anzubringen (Kapitel 2.4). Ich habe zwei Fälle eines Räubereikrieges miterlebt, der an meinem Bienenstand ausgebrochen ist, beide Male war es zufälligerweise das Ergebnis des Besuchs eines Bienensachverständigen. Die Ordnung wurde wiederhergestellt, indem das Flugloch eingeengt (Abb. 7.4) und Glasscheiben dagegen gelehnt wurden. Die entstandenen Einschränkungen waren für die rechtmäßigen Stockbewohner kein Hindernis, beschränkten jedoch den Zugang von Räubern.

## 7.2 Brutnestkontrolle

Aus verschiedenen Gründen und dann nur selten muss der Bienenstock von oben geöffnet werden. Halten Sie hierzu wenigstens die Grundausstattung inklusive einem angezündeten Smoker bereit.

### 7.2.1 Zargen kontrollieren

Nehmen Sie das Dach und das Kissen ab, nicht jedoch das Abdecktuch. Lösen Sie die obere und die unteren Zargen wie in Kapitel 8.1 beschrieben. Wenn Ihr Interesse nur der oberen Zarge gilt, schieben Sie diese etwa 25 mm vorwärts, drehen Sie sie in einer vertikalen Ebene um 90 Grad auf die Rückseite und schieben Sie sie nach vorn, bis sie auf der darunterliegenden Zarge ruht. Achten Sie darauf, dass der untere Rand der Zarge Bienen aus dem Weg fegt, und, falls nötig, setzen Sie Rauch ein, um die Bienen zu vertreiben. Sie können nun zwischen den Brutwaben kontrollieren, sie behutsam mit den Fingern zur Seite schieben und dabei mit leichten Rauchstößen die Bienen aus dem Weg räumen. Anhand der sichtbaren verdeckelten Brut können Sie leicht die Größe des Brutnestes beurteilen. Um die Larven zu kontrollieren, müssen Sie die Waben möglicherweise weiter öffnen und aus einem Winkel betrachten. In diesem Fall achten Sie darauf, die Bienen durch Rauchgabe in Richtung Oberträger zu lenken. Die Königin könnte noch zwischen ihnen sein und Gefahr laufen, beschädigt zu werden. Es wird vorgeschlagen, dass ein Zahnarztspiegel für diese Untersuchung hilfreich wäre. Wenn Sie die unteren Zargen kontrollieren müssen, dann verfahren Sie auf die gleiche Art und stellen jede inspizierte Zarge beiseite auf ein Warré-Zargen-Gestell. Wenn die unteren Zargen vorübergehend beiseite stehen, bedecken Sie sie mit einem Ersatz-Abdecktuch, um die Wärme zurückzuhalten.

Falls notwendig und dann mit einem Assistenten, könnte der gesamte Bienenstock auf einem Tischrahmen platziert werden, d. h. mit abgenommener Tischplatte, und von unten inspiziert werden.

7.2 Gestell für Warré-Zarge

### 7.2.2 Waben durchsehen

Das Überprüfen einzelner Wabenzellen ist mit der Warré-Beute möglich. Es wird normalerweise nur durch Anordnung im Rahmen einer amtlichen Inspektion durchgeführt oder wenn die Imkerin ihre eigene Überwachung auf klinische

Faulbrut unternimmt. Wie schon erwähnt, erfordert es größere Vorsicht als das Ziehen von Waben in Rähmchen. Wenn Sie in einem Land bzw. Bundesstaat leben, in welchem verlangt wird, dass Waben schnell gezogen werden können, müssen Sie möglicherweise darüber nachdenken, die Rähmchen- oder Halbrähmchenausführung für Warré zu verwenden. Denjenigen in Großbritannien und einigen Staaten der USA sei empfohlen, ihr Recht wahrzunehmen, die Waben für die Durchsicht selbst zu ziehen und wieder zurückzusetzen, sollten sie das Gefühl haben, dass ihr Bienensachverständiger inakzeptabel grob bei seiner Arbeit vorgeht. Dies könnte tatsächlich die Arbeit des Bienensachverständigen beschleunigen: Sie ziehen die Waben und setzen sie zurück, und er oder sie inspiziert die Brut. Bedenken Sie jedoch, dass viele Inspektoren möglicherweise weit mehr Feingefühl für Bienen haben als ein Anfänger und eine Zarge in vorbildlicher Weise durchsehen. Einige Bieneninspektoren in Großbritannien haben bereits ihr eigenes Wabenmesser in L-Form und sind es gewohnt, Waben aus dem Warré-Bienenstock zu entnehmen.

Sofern die Waben nicht parallel zueinander gebaut wurden und nicht zwischen den Oberträgern kreuzen, ist es unmöglich, sie zu entnehmen, ohne großen Schaden anzurichten. Setzen Sie zunächst die zu inspizierende Zarge frei, wie in Kapitel 8.1 beschrieben. Die Wabe ist gewöhnlich an jedem Ende an den Wänden befestigt, zumindest bis zur Hälfte von oben abwärts bei der Zarge. Diese Befestigung muss zerschnitten werden. Obwohl es von unten mit einem langen Sägemesser gemacht werden könnte, nachdem die Zarge zuerst auf eine Seite gekippt wurde, besteht eine einfachere Lösung darin, es von oben mit einem «L»-förmigen Wabenmesser durchzuführen (Kapitel 4.2).

Das Wabenmesser wird zwischen den ausgewählten Waben nach unten eingeführt, wobei der Schaft die Innenseite der Zarge berührt und die Klinge von der Zargenwand wegzeigt. Das Einführen wird an einer zuvor markierten Wegstrecke gestoppt, wobei sich das Messer ganz leicht über den Oberträgern der darunterliegenden Zarge befindet (210 mm). Das Messer wird um 90 Grad gedreht, sodass die Klinge zum Schneiden unter die Wabe geht. Es wird dann aufwärts gezogen, um nah an der Zargenseite zu schneiden und die Wabe freizusetzen. Es ist wichtig, dass immer in Richtung des Oberträgers geschnitten wird, an dem die Wabe befestigt ist, und jede abwärts gerichtete Kraft auf die Wabe vermieden wird, die zum Ablösen vom Oberträger führen könnte.

Wenn das Messer die Unterseite des Oberträgers erreicht, wird das Messer weiter gedreht, wodurch sich das Ende des Schaftes beim Zurückziehen der Klinge von der Kastenwand wegbewegt und schließlich parallel zur Wabe ausgerichtet wird. Das Messer wird dann herausgehoben, wobei die Klinge nun in die entgegengesetzte Richtung zeigt wie beim Einführen. Die Klinge erfährt eine 180-Grad-Drehung beim Vorgang des Schneidens eines Wabenendes. Dieses Verfahren zerstört die Wabenzellen nur minimal und führt zu wenig Auslaufen von Honig.

Nachdem die Wabe an den Seiten freigesetzt ist, müssen Sie nun den Oberträger losmachen, falls er befestigt ist. Da meine festgesteckt sind, ziehe ich mithilfe des Stockmeißels jede Seite eines jeden Endes nach und nach ein wenig nach oben, bis der Oberträger frei vom Stift ist oder mit ihm herausgekommen ist. Um den Oberträger senkrecht anzuheben, benutze ich zur selben Zeit zwei Stockmeißel, auf jeder Seite des Oberträgers einen. Alternativ können Sie den «J»-förmigen Stockmeißel verwenden, dessen Kerbe auf einem Oberträger oder der Stockwand ruht.

Platzieren Sie abschließend den Wabenhalter oben auf dem Bienenstock, heben Sie die Wabe vorsichtig heraus und setzen Sie sie auf den Halter. Kontrollieren Sie die Zellen, falls nötig, mithilfe einer Taschenlampe.

Hängen Sie die Waben in der ursprünglichen Anordnung und Ausrichtung in Bezug zum Flugloch zurück. Zunächst können sie lose an einer Seite der Zarge angebracht werden, um die Arbeit an späteren Waben zu erleichtern. Der Abstand für ihre abschließende Anbringung ist meist sehr deutlich durch die Ablagerung von Propolis in den Falzen gekennzeichnet. Wenn alle Waben aus einer Zarge gezogen wurden, um etwa einen Kunstschwarm zu bilden, so können sie unter Verwendung einer Abstandsschablone für Oberträger schnell wieder in Position gebracht werden, sofern Sie eine hergestellt haben.

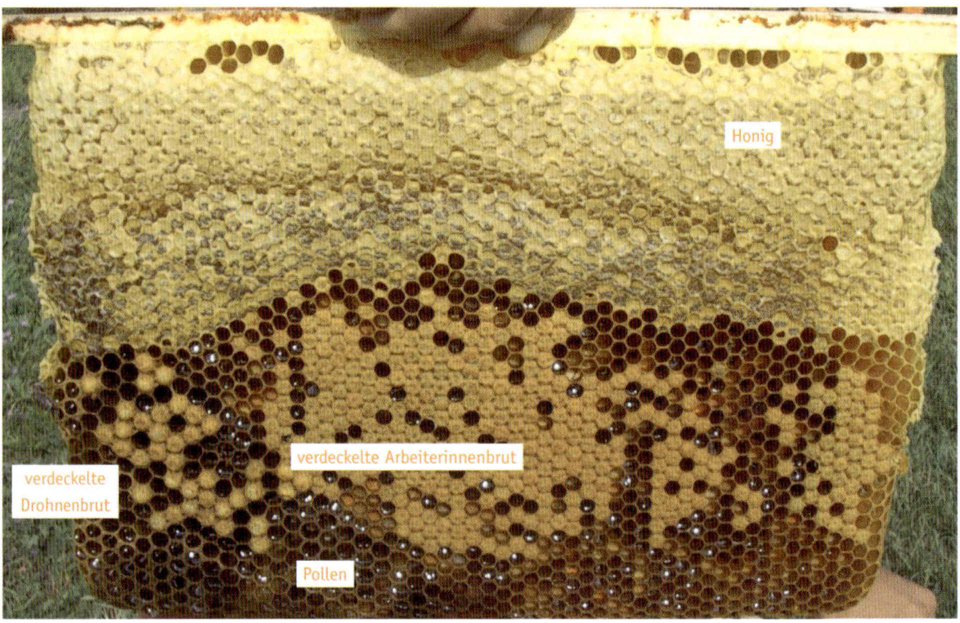


7.3 Eine zum Durchsehen entnommene Warré-Wabe; beachten Sie einige vor Nektar glitzernde Zellen (Foto: Karman Csaba).

## 7.3 Belüftung

Ein Faktor, den Sie während eines heißen Frühlings oder Sommers beachten sollten, ist, ob eine ausreichende Belüftung vorhanden ist. In kühl-gemäßigten Klimazonen, wie z. B. in Nordfrankreich, wo Warré lebte, ist ein Fluglochbereich von 18 $cm^2$ für die meisten Sommerbedingungen angemessen. Aber in heißeren Klimazonen ist möglicherweise ein breiteres Flugloch oder eine Belüftung weiter oben im Bienenstock erforderlich. Überhitzung im Bienenstock ist erkennbar durch «Bartbildung» rund um das Flugloch und unter dem Anflugbrett. Ein Teil der Bienen kommt nach draußen, um die Hitzeansammlung im Stock zu reduzieren und die Belüftung zu verbessern. Manchmal ist es ein zeitlich begrenztes Phänomen während des heißesten Tagesabschnitts, es kann jedoch auch noch die ganze Nacht andauern. Wenn die Belüftung ein Besorgnis darstellt, kann vorübergehend ein breiterer Eingang geschaffen werden, indem der Bienenstock auf dem Boden nach vorn geschoben wird, um einen Spalt über die gesamte Breite zwischen dem Rand der unteren Zarge und der Vorderkante des Bodens zu öffnen. Beachten Sie, dass der Bienenstock in diesem Zustand weniger stabil ist. Eine Kühlung an der Oberseite kann durch Entfernen des Kisseninhalts erreicht werden, und falls sich dieser in einem Stoffsack (z. B. alter Kopfkissenbezug) befindet, so ist dies schnell gemacht. Alternativ können Sie das Kissen auf vier schmale Holzklötze abstellen, damit das Haltetuch für den Kisseninhalt das Abdecktuch freigibt. Vielleicht haben Sie bei dieser Gelegenheit Glück und wiederholen Warrés Beobachtung, dass die Bienen manchmal Löcher in das Gewebe eines Abdecktuchs aus Sackleinen nagen. In Situationen, in denen der Bienenstock nicht ausreichend Schatten in der Nachmittagshitze bekommt, müssen Sie möglicherweise weiter oben, zwischen den Zargen, für Belüftung sorgen. Die obere Zarge kann jeweils an einer Ecke nach der anderen hochgehoben und Streichhölzer oder dünne Zweige hineingesteckt werden, um einen Lüftungsschlitz zu schaffen, ohne Bienen oder Wespen einen Zugang zu ermöglichen. In meinem Klima in Wales ist keine dieser zusätzlichen Belüftungsmaßnahmen notwendig.

## 7.4 Vorräte

Es müssen schlimme Bedingungen vorherrschen, wenn ein Warré-Volk im Frühling oder Sommer nicht über genügend Honigvorräte verfügt. Wenn das Wetter nach dem Einlogieren Ihrer Bienen schlecht war, müssen Sie ihnen möglicherweise ein paar Tage lang Futter geben. Und falls es eine lange Regenperiode gibt, welche die Bienen von der Nahrungssuche abhält, müssen Sie möglicherweise erneut füttern (Kapitel 11). Wenn Sie befürchten, dass die Vorräte knapp werden, dann sollten Sie nachsehen. Wenn Sie Zargen mit Fenster haben, schauen Sie sich die Oberseite der Waben der oberen Zarge an und benutzen Sie eine Lampe, falls notwendig. Weiter oben sollten Sie verdeckelten Honig sehen, besonders an den Seiten. Wenn Sie keine Fenster haben, kann die Kontrolle durch Öffnen oder ohne Öffnen des Bienenstocks erfolgen. Halten Sie bei der Kontrolle durch Öffnen einen angezündeten Smoker bereit, nehmen Sie das Dach und Kissen ab, ziehen Sie das Abdecktuch etwa zur Hälfte ab, beginnend von hinten, und untersuchen Sie die Oberseiten der Waben. Dort sollte verdeckelter Honig sein, besonders an den Seiten. Verwenden Sie den Smoker, um die Bienen nach unten zu treiben, falls die Waben zum Schauen zu besetzt sind. Setzen Sie das Abdecktuch zurück und, wenn nötig, geben Sie den Bienen etwas Rauch. Für die Kontrolle ohne Öffnen, heben Sie den Bienenstock oder die obere Zarge an (Kapitel 9.3).

## 7.5 Langsames Wachstum

Ein Volk kann sich frustrierend langsam entwickeln. Zu den Ursachen gehören: lange Regenwetterperioden mit sehr trübem Himmel, falls es aktuell nicht regnet; Trockenheit; niedrige Temperaturen; wenig verfügbarer Nektar und/oder Pollen; zu wenig Bienen für den Anfang; eine schlecht begattete, alte, kranke und/oder genetisch schwache Königin; hohe Schädlingslast bei den Bienen und der Brut sowie eine kranke Brut. Im Fall von drohendem Hunger würden Sie Ihre Bienen höchstwahrscheinlich füttern. Aber wenn die Nahrung nicht an einem kritischen Punkt ist, dann sollten Sie überlegen, die Bienen auch mit einer Mangelsituation zurechtkommen zu lassen.

Eine Anzahl von Warré-Imkern hat beobachtet, dass ein Volk eine oder mehrere Zargen nach unten bis zu den Oberträgern der nächsten Zarge ausbauen kann, dann aufhört oder sogar aus Platzmangel schwärmt. Dies wurde bekannt als der «Falsche-Boden-Effekt», bei dem die Oberträger als Hindernis für die Volksentwicklung in Erscheinung treten. Ausschlaggebende Faktoren könnten widriges Wetter und Nahrungsbedingungen sein. Ich erlaube meinen Völkern, sich in ihrem Tempo zu entwickeln, und gestatte ihnen sogar zu schwärmen. Für den ungeduldigen Imker oder denjenigen, der aufgrund der örtlichen Gegebenheiten versuchen muss, Schwärme zu verhindern, besteht eine mögliche, wenn auch eingreifende Abhilfe darin, eine Brutwabe nach unten in die leere Zarge zu setzen, um die Aufmerksamkeit der Arbeiterinnen auf den zusätzlichen Raum zu lenken. Ich und andere haben damit experimentiert, die Oberträger hochkant anzubringen, um größere Lücken zwischen ihnen zu schaffen.[37] Das Ergebnis war, dass die Bienen ihre Waben durch die Lücken bauten und den Bienenstock unkontrollierbar machten. Der einzige andere

Weg, das Problem zu umgehen, obwohl es für die Imkerin genauso unbequem ist, besteht darin, die Oberträger in den unteren Zargen wegzulassen und durch ein paar Speile in jeder Zarge zu ersetzen, wie es in Japan bei der Imkerei mit *Apis cerana* in Bienenstöcken gemacht wird, die von unten erweitert werden, wie bei der Volksbeute.

## 7.6 Verhonigung

Zwei Berichte haben mich erreicht, die darauf hinweisen, dass produktive Warré-Bienenstöcke so viel Nektar eingetragen haben, dass das Brutnest in der Mitte mehrerer Zargen auf die Größe eines schmalen Zylinders zusammengeschrumpft ist. In Kanada hat diese «Verhonigung» zu erhöhten Winterverlusten geführt, vermutlich weil die Geometrie des Bienenstocks und der Wintertraube alles andere als thermisch ideal waren. Die Bienen hatten zu wenig Platz für Brutzellen, um eine dichte, kugelförmige Wintertraube zu bilden, um dadurch das Verhältnis von Oberfläche zum Volumen zu verkleinern und folglich den Wärmeverlust zu verringern. Ein Teil der von den betroffenen Imkern gewählten Lösung bestand darin, die Völker während der Haupttracht zu erweitern, das heißt, Zargen oben auf den Bienenstock aufzusetzen. Dies kann ohne Anbringen eines Absperrgitters erfolgen, da die Ausdehnung des Honigs in der oberen Zarge selbst als einigermaßen wirksames Absperrgitter wirkt. Die Aufsätze könnten leere Warré-Zargen mit Oberträgern sein, mit oder ohne eine «Leiter» aus einer nach unten gebauten Wabe oder einer Mittelwand, die an einem mittleren Oberträger befestigt ist, oder eine Zarge mit fertig ausgebauten Waben. Im ersteren Fall wächst wahrscheinlich der größte Teil der Wabe von den Oberträgern der Zarge nach oben, auf welche der Honigaufsatz gestellt wird. Es wird deshalb viel schwieriger sein zu ernten, was bedeutet, dass viel Honig austritt mit dem Risiko, dass Bienen ertrinken. In diesem Fall könnte ein weitaus langsameres und vorsichtigeres Entfernen getätigt werden, indem man den Bienen erlaubt, ausgelaufenen Honig aufzuschlecken, indem man die Zarge leicht anhebt und dabei einen Käsedraht durch die Wabenverbindungen zieht.

## 7.7 Fehlerhafte Königin

Im Frühling und Sommer besteht der Verdacht auf eine fehlerhafte Königin, wenn schlechte Nahrungsbedingungen ausgeschlossen sind, der Flugverkehr am Eingang gering ist, wenig Pollen eingebracht wird und sich zu gegebener Zeit viele Drohnen am Flugloch befinden. Einen weiteren Bienenstock (oder mehrere) zum Vergleich zu haben, ist nützlich. Ein frühzeitiger Austausch, das heißt, wenn es noch (potenzielle) Ammenbienen gibt, hat bessere Erfolgsaussichten, daher sollten Sie eine Brutnestkontrolle in Betracht ziehen. Wenn Sie kaum Arbeiterinnenbrut sehen – nur Flecken auf ein oder zwei Waben – zusammen mit nicht besetzten oder geschlüpften Weiselzellen oder, noch schlimmer, den gewölbten Verdeckelungen der Drohnenbrut in Arbeiterinnenzellen, dann sollten Sie die Königin ersetzen, vor allem, wenn Sie viel in Ihren ersten und einzigen Bienenstock investiert haben. Siehe hierzu Kapitel 7.2 für Methoden zum Durchsehen der Waben am Platz oder durch Herausnehmen. Im Fall eines kürzlich einlogierten Versandpaketes wird Ihr Bienenanbieter normalerweise in der Lage sein, Ihnen kostenlos oder zu einem relativ geringen Preis eine Ersatzkönigin zur Verfügung zu stellen. Wenn Sie nur mit Schwärmen arbeiten und eine Königin ersetzen müssen, dann können Sie dies bevorzugt durch Vereinigung Ihres Volkes mit einem anderen Schwarm oder Nachschwarm erzielen (Kapitel 7.8). Keine der Methoden zum Ersetzen der Königin ist unfehlbar. Am wenigsten Erfolg hat man mit dem Zusetzen einer Königin, die noch nicht von den Arbeiterinnen akzeptiert wurde. Das Zusetzen einer begatteten Königin erspart Ihnen etwa einen Monat Verzögerung bei der Eiablage, die andernfalls entstehen würde, wenn Sie lediglich eine Wabe mit Eiern hinzugeben oder, falls bereits Eier vorhanden sind, das Volk belassen würden, um Königinnen nachzuschaffen.

Bevor Sie eine neue Königin zusetzen, müssen Sie die fehlerhafte entfernen. Zuerst müssen Sie die Königin finden, indem Sie entweder einzelne Waben durchsehen (siehe oben) und sie vorübergehend in einer Ersatzkiste beiseitelegen, während jede einzelne kontrolliert wird, oder, wenn Sie auf diese Weise keinen Erfolg haben, als letztes Mittel die weitaus störendere Filtermethode mit einem Absperrgitter verwenden. Um die Königin nicht in Panik zu versetzen, was dazu führen kann, dass sie schwieriger zu finden ist, setzen Sie beim Öffnen und Durchsuchen der einzelnen Waben keinen Rauch ein. Über die Filtermethode schreibt Warré (S. 142): «Stellen Sie alle besetzten Zargen der Beute zur Seite. Stellen Sie eine oder zwei leere Zargen auf den Boden, je nach Volksstärke. Auf die leeren Zargen legen Sie ein Absperrgitter, auf das Absperrgitter stellen Sie alle Zargen der Beute, die Sie vorher zur Seite gestellt haben. Öffnen Sie die oberste Zarge und geben Sie schnell viel Rauch in die Wabengassen. (...) Wenn die Bienen die erste Zarge verlassen haben, bearbeiten Sie so auch die restlichen Zargen. Wenn das Absperrgitter zum Vorschein kommt, dann werden Sie dort die Königin inmitten einiger Drohnen finden. Sie können Sie töten oder in einen Käfig geben, falls Sie sie noch verwenden wollen.»[38] Anstatt eine gescheiterte Königin zu entsorgen, können Sie sie möglicherweise unversehrt in Alkohol konservieren und eine Sammlung von Königinnen anlegen, um einen Pheromon-Köder herzustellen. In diesem Fall müssen Sie sie töten, indem Sie sie in einen Gefrierschrank legen.

Wenn Sie bei der Kontrolle eine oder mehrere besetzte Weiselzellen bemerken (Larven in Gelée Royale oder verdeckelt), dann ist die sich langsam entwickelnde Kolonie dabei, ihre Königin zu ersetzen. In diesem Fall überlassen Sie es möglicherweise lieber dem Volk selbst, die Königin auf natürlichem Weg nachzuschaffen. Aber falls es wenig oder gar keine Brut gibt, obwohl genügend Nahrung verfügbar ist, dann möchten Sie vielleicht lieber mit dem Ersetzen der Königin fortfahren.

Etwa ein bis zwei Stunden nachdem die alte Königin aus dem Volk genommen wurde, wird die neue Königin in einem Zusetzkäfig eingebracht, um die Bienen an den Duft der Fremden zu gewöhnen. Der Versandkäfig, in welchem sie geliefert wurde, kann als Zusetzkäfig verwendet werden, wobei Sie hierbei die Verpackung entfernen und den Futterteig freilegen, welches das Freigabeloch verstopft. Dies wird in einer durchsichtigen Plastiktüte gemacht. Arbeiten Sie alternativ in einem Auto mit geschlossenen Lüftungsschlitzen der Windschutzscheibe oder in einem geschlossenen Raum und fangen Sie die Königin, wenn die Bienen zum Fenster fliegen. Wenn Sie die Königin in einen separaten Zusetzkäfig übertragen müssen, beachten Sie dieselben Vorsichtsmaßnahmen, um Sie zurückzuhalten. Platzieren Sie den Käfig zwischen die Waben oben am Brutnest, in der Nähe der verdeckelten Brut, falls welche vorhanden ist, und stellen Sie sicher, dass sich Futterteig im Loch des Zusetzkäfigs befindet, die Abdeckung über dem Futterteig entfernt wurde und dass weder das Gitter noch das Loch durch Waben, Beutenwand oder Oberträger versperrt sind. Überprüfen Sie es in ein paar Tagen. Wenn Bienen ihn offenbar immer noch angreifen, belassen Sie es länger. Wenn die Königin aus dem Käfig freigelassen wurde, indem die Bienen den Futterteig weggekaut haben, dann entfernen Sie den Käfig. Lassen Sie den Bienenstock danach streng in Ruhe. Es wird mindestens 21 Tage dauern, bis sich die Volksstärke wieder aufbaut.

## 7.8 Schwache Völker vereinigen

Wenn ein Bienenvolk schrumpft, es frei von Krankheiten zu sein scheint und Sie nicht versuchen möchten, eine neue Königin mit einem Zusetzkäfig einzuführen, dann besteht die Möglichkeit, die Bienen und Waben zu retten, indem Sie es mit einem anderen Volk vereinen, welches vielversprechender ist. Dies kann entweder ein Schwarm oder ein bereits in einer Warré-Beute etabliertes Bienenvolk sein.

Allgemein wird empfohlen, zunächst die Königin zu entfernen, die Sie nicht möchten. Man kann aber auch die Bienen des vereinigten Volkes selbst entscheiden lassen, welche Königin sie behalten wollen. Nach meiner Erfahrung besteht ein nahezu vernachlässigbares Risiko, dass die bessere von beiden oder sogar beide getötet werden. Ich vereinige gewöhnlich über Zeitungspapier und gebe der Hauptkolonie die Kontrolle über das Flugloch. Falten Sie eine Seite Zeitungspapier und durchlöchern Sie diese mehrmals mit der Messerspitze, um kleine Schlitze, aber keine Öffnungen zu hinterlassen. Ich mache das auf einem dicken Teppich. Nehmen Sie das Papier, einen Wassersprüher und die grundlegende Imkerausrüstung mit zu den Bienenstöcken, die Sie vereinen wollen. Nehmen Sie Dächer und Kissen ab. Entfernen Sie das Abdecktuch von der aufnehmenden Kolonie, die am Ende des Vorgangs die Kontrolle über das Flugloch haben wird, und ersetzen Sie das Tuch durch das Zeitungspapier. Befeuchten Sie das Papier gründlich. Bei Wind beschweren Sie es beim Sprühen vorübergehend mit Stöcken oder Kieselsteinen. Platzieren Sie die besetzten Zargen des zu vereinigenden Bienenstocks auf die Zeitung und bringen Sie das Kissen und Dach wieder an. Belassen Sie es für mindestens 24 Stunden so. Die Bienen kauen sich durch das Zeitungspapier, wobei sich die Gerüche des Volkes vermischen und die Bienen aneinander gewöhnen. Papierschnipsel am Eingang zeigen an, dass alles in Ordnung ist. Wenn der so entstandene hohe Bienenstock verkleinert werden soll, um z. B. auf zwei Zargen zu überwintern, vertreiben Sie die Bienen mit Rauch aus allen unerwünschten Zargen des oberen Bienenstocks und entfernen Sie die Zargen. Alle aufzubewahrenden brutfreien Zargen werden am besten unter dem vorhandenen Brutnest platziert. Zargen mit viel Honig können oben aufgesetzt bleiben.

Bei der Vereinigung von Schwärmen zu einem bestehenden Volk, beispielsweise zur Königinerneuerung, ist die Vorgehensweise im Wesentlichen ähnlich, außer, dass der Schwarm zuerst in eine Warré-Zarge eingeschlagen werden muss und dann oben auf die aufnehmende Kolonie platziert wird. Wenn der Schwarm klein ist, kann es länger als einen Tag dauern, bis das Papier durchgekaut ist und die richtige Annahme abgeschlossen ist. Nur gelegentlich kommt es bei dieser Vereinigungsmethode zu Kämpfen.

Eine «schnelle und unsaubere» Methode, einen Schwarm zu vereinen, vermeidet die anfängliche Unterbringung in einem separaten Bienenstock. Eine leere Zarge, die als Tunnel dient, wird auf das aufnehmende Volk platziert, wobei das Abdecktuch entfernt und den Bienen von oben und unten (durch das Flugloch) großzügig Rauch gegeben wird, um Düfte zu überdecken. Der Schwarm wird dann in die leere Zarge eingeschlagen, und die Bienen bewegen sich durch Rauchgabe nach unten. Wenn die leere Zarge weitgehend frei von Bienen ist, entfernen Sie sie und geben Sie Rauch, damit die Bienen nach unten zwischen den Oberträgern verschwinden. Legen Sie das Abdecktuch auf und bringen Sie das Kissen und Dach wieder an. Es besteht ein etwas höheres Risiko, dass es auf diese Weise zu Kämpfen kommt. Anstelle von Rauch besteht eine sanftere Methode in der Anwendung von Zuckersirup-Spray (1 : 2 Zucker : Wasser nach Volumen), versetzt mit einem Tropfen ätherischem Öl, z. B. Pfefferminze, um sowohl die Stammbienen als auch die Neuankömmlinge zu besprühen. Wie beim Geben von Rauch verdeckt es die verschiedenen Gerüche der beiden Völker im anschließenden Chaos nach dem Durchmischen, und das Entfernen des Sirupsprays lenkt die Bienen ab.

## 7.9 Schwärmen

Es ist unwahrscheinlich, dass Bienenvölker in derselben Saison schwärmen, in der sie einlogiert werden. Aber gelegentlich passiert es. Eine wirklich gute Königin, verbunden mit langer Verfügbarkeit von guter Tracht, kann den Abgang eines späten Vorschwarms auslösen. Achten Sie daher unbedingt darauf, unterhalb des Brutnestes immer Platz zum Bauen zu haben, um zumindest hier Enge durch Platzmangel auszuschließen. Wenn Sie eine Zarge unterhalb hinzugeben und eine dichte Bienentraube bemerken, die unter den Waben hängt und scheinbar nichts tut, könnte dies der Großteil eines Schwarms sein, der in den nächsten Tagen abgeht. Bartbildung am Eingang an einem heißen Tag ist ein Zeichen dafür, dass diese Traube sich für einen begrenzten Zeitraum außerhalb vom Bienenstock befindet, um zu helfen, die Temperatur im Inneren zu senken. Aktivität an den Fluglöchern Ihrer Schwarmlockbeuten ist ein weiteres Zeichen für die Möglichkeit, dass ein Schwarm einen Auszug in Betracht zieht. Weitere Informationen zum Schwärmen finden Sie in Kapitel 14.1.

7.4 Zeitlich begrenzter Gitter-Räubereischutz am Flugloch. Bienen bringen Efeu-Pollen *(Hedera helix)* ein; Biene rechts überzogen mit Pollen des Drüsigen Springkrauts *(Impatiens glandulifera)*.

# 8 Hinzufügen von Zargen von unten

Ich füge eine dritte Zarge hinzu, wenn die zweite ungefähr zur Hälfte ausgebaut ist. Gelegentlich wurde ich überrascht und musste feststellen, dass die zweite Zarge bis zum Boden voll war. Das Problem dabei ist, dass der Platzmangel möglicherweise schon die Schwarmstimmung ausgelöst hat. Wenn sich das Brutnest direkt am Boden befindet, ist das Volk eventuell etwas defensiver, als wenn die Wabe ein paar Zentimeter höher endet. Warré gibt an, dass alle Zargen, die für eine ganze Saison benötigt werden, bei der Frühjahrsdurchsicht hinzugefügt werden könnten, etwa kurz vor der Löwenzahnblüte. Das mag für Nordfrankreich zutreffen, wo vielleicht vier oder fünf Zargen das erforderliche Maximum wären, aber in nektarreicheren Gegenden wäre es unpraktisch, da es das Risiko erhöhen würde, dass der Bienenstock aufgrund seines geringen Anfangsgewichts im Verhältnis zu seiner Höhe umgeweht wird.

Es wird letztlich ein Zeitpunkt kommen, in der sogar eine Beute mit zwei Zargen für eine Person zu schwer zum Heben sein wird, um z.B. eine dritte Zarge von unten hinzuzufügen. Nehmen Sie in Anwesenheit eines entsprechend geschützten Helfers das Dach und Kissen ab, befreien Sie alle Verklebungen rund um den Beutenboden mit einem Stockmeißel und heben Sie mit jeweils einer Person auf jeder Seite den Bienenstock nach vorn auf einen Warré-Ständer. An dieser Stelle möchten Sie vielleicht das Gemüll auf dem Beutenboden untersuchen und abkratzen oder ihn durch einen neuen Boden ersetzen. Fügen Sie die neue Zarge mit den angebrachten Oberträgern hinzu und setzen Sie die Beute oben auf, indem Sie die ursprüngliche Ausrichtung beibehalten, und schließen Sie sie.

Wenn weder ein Helfer noch ein Warré-Heber vorhanden sind, dann gibt es zwei Optionen. Die erste Möglichkeit, den Bienenstock zargenweise abzubauen und wieder zusammenzusetzen, ist sehr aufwendig, aber möglicherweise die einzige Option, bei der Sie das Gefühl haben, es sicher anwenden zu können (Kapitel 8.1). Die zweite, die von John Moerschbacher berichtet wird, ist weniger eingreifend für die Bienen, dafür anstrengender für die Imkerin, und beinhaltet eine Reihe von aufsteigenden Schritten, während der Bienenstock auf Stützen vor und zurück bewegt wird (Kapitel 8.2).

## 8.1 Zargen entfernen

Jeder Eingriff am Bienenstock, der das Trennen und Zurücksetzen von Zargen beinhaltet, birgt die Gefahr, dass Bienen gequetscht werden. Abgesehen von der Tatsache, dass man keine Bienen verlieren möchte, lohnt es sich daran zu erinnern, dass eine zerquetschte Biene im Volk Alarm auslösen kann, und dies erschwert Ihre Arbeit. Für solche Eingriffe sind eine Feder und, wenn nötig, der Smoker Ihre Werkzeuge, um sicherzustellen, dass Oberflächen, wie Böden und Zargenränder, vor dem Schließen der Lücken frei von Bienen sind. Vorsichtiges Schieben der Zargen an ihren Platz ist gewöhnlich sicherer als das Absetzen. Aber selbst beim Schieben müssen Sie Ausschau nach Bienen halten, die in die Falle geraten, wenn sich die Lücken zwischen den Rändern oder dem Boden und Rand schließen.

Ein weiteres Problem besteht in dem Provozieren des Risikos des Zusammenballens der Bienen um die Königin, während sie diese dabei mit ihren Mundwerkzeugen verletzen können. Im schlimmsten Fall könnte das zu ihrem Tode durch Überhitzung oder durch Stiche führen. Bei den Eingriffen in den Warré-Stock habe ich noch kein Zusammenballen gesehen, jedoch gelegentlich bei meinen National-Rähmchenbeuten. Das Risiko erhöht sich mit neu zugesetzten Königinnen. Eine Abhilfe besteht darin, Rauch auf die Kugel zu geben, um die Bienen zu zerstreuen und die Beute so schnell wie möglich zu schließen und, falls notwendig, die durchzuführenden Eingriffe zu verschieben. Dieses Phänomen sollte bei allen Maßnahmen, die ein Öffnen des Brutnestes beinhalten, im Hinterkopf behalten werden.

Halten Sie an einem sonnigen und warmen Tag, wenn die Bienen eifrig auf Nahrungssuche sind, Ihre grundlegende Imkerausrüstung bereit, die einen angezündeten Smoker, Keile, ein Gestell für Zargen, einen sauberen Boden (optional) sowie Ihre leere Zarge mit gewachsten, in Position gebrachten Oberträgern beinhaltet. Warré rät dazu, Rauch in das Flugloch zu geben, um den Bienen Ihre Anwesenheit mitzuteilen. Ich mache es nie aus Routine. Wenn ich Rauch einsetze, geschieht es nur, wenn es erforderlich ist, um die Bienen zu kontrollieren. Dieser Eingriff wird sehr wahrscheinlich Rauch erfordern.

Entfernen Sie das Dach und das Kissen, belassen aber das Abdecktuch am Platz. Nehmen Sie den Stockmeißel und heben Sie die obere Zarge rundherum vorsichtig von der darunterliegenden Zarge ab, aber heben Sie sie nicht mehr als 3 mm an. Dieser Spalt ist für die Bienen zu eng, um durchzuschlüpfen.

Drehen Sie die Zarge langsam um ein paar Grad im Uhrzeigersinn und gegen den Uhrzeigersinn, um alle Wachsbrücken der darunterliegenden Zarge zu brechen. Wenn es sich nicht leicht drehen lässt, wenden Sie keine Kraft an. Sie müssen die Brücken mit Käsedraht durchschneiden.

Der sicherste Weg, dies zu tun, um Bienen nicht zu erdrosseln, ist folgender: Heben Sie, von vorn beginnend, eine Ecke der Zarge mit einem Stockmeißel 25–50 mm von der Ecke entfernt an, damit Sie den Draht unter die Ecke bringen können. Verfahren Sie genauso mit der anderen Ecke. Sobald der Draht eingelegt ist, setzen Sie an jeder Ecke einen Keil hinter der Laufrichtung des Drahtes ein, sodass Sie das Gewicht der Zarge an der Vorderseite mit einer Lücke von 3 mm stützen und somit ein Einklemmen des Drahtes verhindern. Nun haben Sie den Draht unter beiden Ecken, und die Ecken liegen auf den Keilen auf. Ziehen Sie den Draht behutsam und langsam nach hinten, zuerst auf der einen, dann auf der anderen, wieder auf der ersten Seite usw. Schneiden Sie immer entlang der Waben, von vorn nach hinten, niemals parallel zu den Waben! Eine leichte Sägebewegung kann helfen. Wenn der Draht etwa 30 mm von der hinteren Außenwand entfernt ist, besteht die Gefahr, dass die Bienen gegen die Kante der Innenwand gestoßen werden. Anstatt den Schnitt durch den Wabenrand zu vollenden, stoppen Sie an dieser Stelle und ziehen den Draht langsam in umgekehrter Richtung heraus und entfernen schließlich die Keile.

Alle verbleibenden Brücken auf der Rückseite können durch Kippen der Zarge nach hinten aufgebrochen werden. An diesem Punkt öffnen Sie dann tatsächlich den Bienenstock und befinden sich mitten im Brutnest. Daher ist es ratsam, vorsichtig vorzugehen. Mit dem Stockmeißel und bereitgestellten Smoker heben Sie die Zarge ein wenig an und stützen Sie sie auf das dicke Ende eines Keils oder auf ein Aststück. Beobachten Sie eine Weile, wie die Bienen auf das Licht und die kalte Luft reagieren, die aus einem ungewohnten Winkel einströmen. Wenn sie ziemlich ruhig zu sein scheinen, dann fahren Sie fort. Wenn sie unruhig wirken, geben Sie vorsichtig Rauch auf den Wabenrand. Sollten die Bienen Ihren Schleier attackieren, dann überlegen Sie, ob es nicht vielleicht der falsche Zeitpunkt zum vollständigen Öffnen ist. Die Stimmung eines Volkes kann von einem auf den anderen Tag wechseln. Wenn Sie sich dafür entscheiden, den Stock zu schließen, vermeiden Sie es, Bienen im Zwischenraum zu quetschen, indem Sie sie durch Rauchgabe von den Zargenrändern abdrängen. Sollte es für Sie aber keinen anderen verfügbaren Zeitpunkt geben, dann müsste großzügiger Einsatz von Rauch, gepaart mit schnellem, aber nicht gewaltsamem Arbeiten, Sie erfolgreich durch die Sache bringen.

Immer wenn bei einem Eingriff in den Bienenstock die Oberträger freigelegt werden, empfiehlt Warré, sie mit dem Stockmeißel von Waben und Propolis freizukratzen. Ich mache das nie routinemäßig. Nicht nur, dass die Vibration die Bienen in den darunterliegenden Waben verärgert, sondern es scheint auch weitgehend unnötig zu sein. Das einzige Mal, wo ich eine Notwendigkeit zum Freikratzen sehe, ist, wenn mehr als eine dünne Wabenschicht von der darüberliegenden Zarge auf einem Oberträger der darunterliegenden Zarge zurückgeblieben ist.

Heben Sie die Zarge vollständig ab und setzen Sie sie abseits auf ein Warré-Zargen-Gestell (Abb. 7.2). Verfahren Sie ebenso mit der nächsten Zarge und den folgenden, bis Sie den Boden erreicht haben. Decken Sie im weiteren Verlauf jede Zarge mit einem Ersatz-Abdecktuch oder einem Stück Pappe usw. ab, um die Wärme innen zurückzuhalten. Setzen Sie den Smoker ein, wenn die Bienen unruhig werden. Falls der Boden sauber gekratzt werden muss, geben Sie Rauch oder fegen Sie zuerst alle Bienen ab. Möglicherweise möchten Sie den Boden auf Varroa oder andere Anzeichen untersuchen. Um in diesem Fall die Öffnungsdauer des Bienenstocks zu verringern, tauschen Sie ihn gegen einen sauberen Boden aus. Setzen Sie Ihre neue Zarge auf das Bodenbrett und bauen Sie den Bienenstock wieder zusammen, wobei Sie die vorherige Reihenfolge der Zargen beibehalten und verhindern sollten, Bienen zwischen den Zargenrändern zu quetschen. Smoker und Bürste helfen dabei sehr. Alternativ kann die Zarge von hinten oder vorn in Position geschoben werden, wobei alle Bienen an den Rändern und Oberträgern der darunterliegenden Zarge langsam davor weggefegt werden. Seien Sie zum Ende hin vorsichtig, um ein Guillotinieren der Bienen zu vermeiden!

## 8.2 Das schrittweise Vorgehen beim Untersetzen

Nach John Moerschbacher stört man die Bienen kaum, wenn dieser Vorgang ruhig und langsam durchgeführt wird, insbesondere wenn sie noch keine Waben bis zum Boden der unteren Zarge ausgebaut haben. Aufgrund der verschiedenen Schritte besteht jedoch ein höheres Risiko, den Bienenstock versehentlich zu erschüttern, woraufhin einige diese Methode möglicherweise als letztes Mittel in Reserve behalten möchten. Halten Sie einen angezündeten Smoker bereit. Sie benötigen ihn vielleicht nicht, um die Bienen zu beruhigen oder zu kontrollieren, aber er könnte dabei helfen, die Bienen von den Oberflächen zu vertreiben, damit sie nicht zerquetscht werden.

Das Untersetzen auf diese Art ist einfacher, wenn der Bienenstock nahe am Boden ist, wenn z. B. der Beutenboden (das Bodenbrett) auf Ziegelsteinen oder dicken Holzstücken steht. Die Methode kann in zwei oder mehreren Schritten durchgeführt werden. Mehr Schritte anzuwenden, sorgt für eine größere Stabilität während des Vorgangs. Die Methode beruht darauf, dass die Zargen durch Propolisierung verbunden sind. Allerdings sollte man die Verbindungen nicht übermäßig belasten. Wenn Sie Zweifel haben, ob die Zargen während des Ablaufs zusammenbleiben, bringen Sie Bienenstockklammern/-federn an, um die Zargen miteinander zu verbinden. Diese Methode gibt keinen Zugang zu der gesamten Oberfläche des Bodens, um ihn sauber zu kratzen.

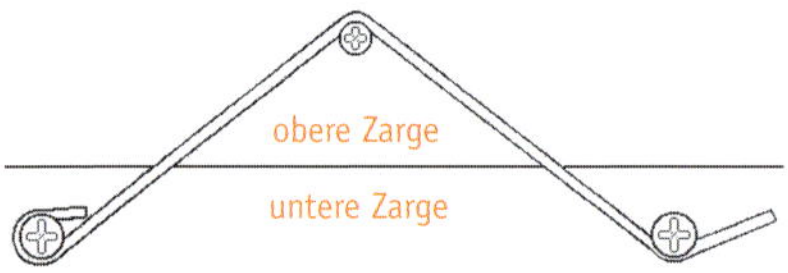


8.1 Z-Feder-Clip-Beutenbefestigung

Platzieren Sie eine vorläufige Unterlage einige Zentimeter höher als der Beutenboden direkt hinter dem Bienenstock: z. B. Ziegelsteine, eine alte Futterzarge, eine Beutenzarge oder Sonstiges. Knien Sie sich vor den Bienenstock, kippen Sie ihn nach vorn und schieben Sie ihn über den Boden zurück, sodass sich der hintere Rand auf der vorläufigen Unterlage befindet. Die Vorderfront ruht noch auf dem Beutenboden. Stellen Sie die unterzusetzende und vollständig mit Oberträgern versehende Zarge auf den Beutenboden vor ihren endgültigen Platz. Kippen Sie den Bienenstock weit genug nach hinten, sodass die Unterseite der Vorderfront knapp über der Oberseite der neuen Zarge liegt, und schieben Sie den Bienenstock nach vorn, damit seine Vorderseite auf der neuen Zarge aufliegt. Heben Sie das hintere Ende an und schieben Sie es an seinen Platz auf der Zarge, indem Sie hinter der Beute stehen. Schieben Sie den gesamten Bienenstock zurück in seine endgültige Position auf dem Beutenboden. Rücken Sie den Boden gerade, falls er sich während des Ablaufs verschoben hat. Für diejenigen, die sich nicht sicher fühlen, den Bienenstock mit dem damit verbundenen Ankippen zu stützen, besonders wenn drei oder vier Zargen vorhanden sind, kann es hilfreich sein, dies in mehr als zwei Schritten zu tun. Zum Beispiel würde jeder Schritt eine Viertel- statt einer halben Zargenhöhe betragen, wobei alles mit geeigneten Holzstücken oder Beutenkomponenten auszuführen wäre (Kissen, Rähmchen, Zusatzkästen usw.).

## 8.3 Maschinelles Heben

Abgesehen von der Anstrengung, die Hebevorrichtung zum Bienenstand zu bringen – was bei einem Beuten-Heber, der ein Gewicht wie meiner aufweist, keinen unerheblichen Aufwand darstellt –, ist dies bei Weitem die bequemste Art, neue Zargen von unten hinzuzufügen. Obwohl ich einen Smoker bei mir habe, zünde ich ihn für diese Arbeit kaum an. Ich nehme das Dach ab, stelle die Hubgabeln auf die gewünschte Höhe ein, schiebe den Heber auf die Beine meines Bienenstockständers, wobei die Gabeln unter den Griffen der anzuhebenden Zarge liegen, übe durch Drehen der Hubkurbel eine leichte Aufwärtskraft auf die Zarge aus, löse die zu trennende Verbindung mit dem Stockmeißel und hebe die Zarge auf die gewünschte Höhe an. Eine neue Zarge kann langsam von vorn eingeschoben werden, wobei die Bienen davor weggefegt werden und darauf zu achten ist, dass keine Bienen guillotiniert werden, wenn die Zarge in ihre endgültige Position kommt. Wenn zu viele Bienen im Weg sind, dass das Risiko besteht, einige von ihnen zu quetschen, dann setzen Sie Rauch ein, um sie von den Zargenrändern zu vertreiben. Anschließend wird der Bienenstock auf die neue Zarge abgesenkt, wobei beim Absenken, falls notwendig, die Bienen mit einer Feder oder einem Smoker, falls angezündet, vom Zargenrand entfernt werden.

8.2 Untersetzen einer neuen Zarge mit einem Beuten-Heber

# 9 Ernten

Ich behandle hier das Ernten von Honig und Waben. Wachs ist ein Nebenprodukt der Honigernte, aber ich bevorzuge es, den Bienen ihre anderen Stockprodukte zu belassen, solche wie Gelée Royale oder Propolis. Das Ernten der Waben von oben ist bei der Warré-Beute Teil des Wabenerneuerungsprozesses, der in die Betriebsweise integriert ist.

Wenn ein echter Honigüberschuss vorhanden ist, d. h. mehr, als die Bienen zum Überleben brauchen, dann dürfen Sie Waben (Kapitel 9.4) oder die ganze Zarge ernten. Warré rät dazu, nur einmal zu ernten und das am Ende des Sommers oder im Frühherbst. Es gab darüber einige Diskussionen, ob dies immer ideal ist, einige argumentierten, dass es besser wäre, den ganzen Honig für den Winter zu belassen, um das Risiko zu vermeiden, dass man zu einer kritischen Zeit zu viel davon entnimmt, und stattdessen im Frühjahr zu ernten. Aber auch hier besteht die Gefahr, dass die Bienen den Sommer über knapp bleiben, wenn das Wetter schlecht wird, wie es in meiner Gegend seit sechs Sommern der Fall ist. Ich ernte im September, wenn die meisten meiner Haupttrachten vorbei sind, aber es gibt normalerweise einen stetigen Nektareintrag bis November, zunächst von Drüsigem Springkraut *(Impatiens glandulifera)* und Japanischem Staudenknöterich *(Reynoutria japonica)* sowie schließlich von Efeu *(Hedera helix)*. Ich verlasse mich nicht auf diese Trachten, aber im September stelle ich fest, wie viel Honig die Bienen haben und wie viel davon ich ohne Bedenken entnehmen kann. Wenn ein echter Überschuss vorhanden ist, d. h. mehr Honig, als die Bienen zum Überleben brauchen, dann können Sie Waben oder die ganze Zarge ernten. Das dürfte in Ihrer ersten Saison nicht passieren, insbesondere wenn Sie mit Ihrem Volk zu einem späten Zeitpunkt starten. Es ist jedoch nicht möglich, hierzu eine eindeutige Aussage zu treffen, da Völker an einigen Orten sensationell an Gewicht zunehmen.

Honige wie Raps und Efeu, die in den Rähmchenbeuten mit darüberliegenden Honigräumen mit Absperrgitter schnell aushärten, haben sich im Warré-Bienenstock als kein Problem erwiesen, vorausgesetzt, dass der Honig in der Jahreszeit geerntet wird, in der die Bienen ihn sammeln, und er innerhalb von ein oder zwei Tagen nach der Ernte gewonnen wird. Ob das scheinbare Fehlen von Problemen bei diesen Honigen auf die gleichmäßigere Wärmeverteilung im Bienenstock zurückzuführen ist, möglicherweise aufgrund der vorgeschlagenen Bewegungsfreiheit der Königin, ist immer noch Gegenstand von Spekulationen.

Honig enthält organische Säuren, die einige Metalle korrodieren lassen. Bei der Verarbeitung und Lagerung von Honig sind folgende Materialien zu empfehlen: Glas, glasierte Keramik, Edelstahl und lebensmittelechter Kunststoff.

## 9.1 Wie viel überschüssiger Honig?

In den letzten Jahren konnte ich bei mehreren meiner Bienenstöcke überhaupt nicht ernten oder höchstens im Wert einer Wabe, während Warré-Imkerinnen und -Imker in anderen Ländern von Ernten von bis zu 43 kg pro Volk berichten (durchschnittlich bei neun Völkern). Mein letzter Sommer mit hohem Honigertrag war 2006 mit 20 kg pro Volk, aber das war, bevor ich mit der Warré-Imkerei anfing. Die durchschnittlichen Honigerträge in Rähmchenbeuten in Großbritannien sollen zwischen 14 und 18 kg liegen, und eine regelmäßig durchgeführte Honigertragserhebung in Südostengland zeigte einen Durchschnitt von 18 kg pro Volk in den Jahren 2005–2012. Das US Department of Agriculture berichtete für 2010 über durchschnittliche Honigerträge von 30 kg pro Volk. Warré-Bienenstöcke produzieren erwartungsgemäß weniger Honig als Rähmchenbeuten, weil bei ihnen generell keine Honigräume aufgesetzt werden und es keine Wiederverwendung von Waben im Zusammenhang mit dem Aufsetzen von Honigräumen gibt. Jean-Claude Guillaume, der während dieser Zeit in Belgien lebte, erstellte einen Kosten-Nutzen-Vergleich von Dadants (Rähmchenbeuten) und Warrés und kam zu einem durchschnittlichen Ertrag von 12 kg pro Jahr für seine Warrés.[39] Wo keine Waben in aufgesetzten Honigräumen wiederverwendet werden, fließt mehr Nektar in das Bienenwachs. Das ist wertvoll und wird natürlich letztendlich für den Verkauf aufbereitet und gereinigt und sollte daher in der Ertragsstatistik berücksichtigt werden. Auf jeden Fall sind die meisten Warré-Imker nicht besonders darauf bedacht, Honig von ihren Bienenstöcken zu bekommen, und betrachten es als einen gelegentlichen Zusatz zu der Freude, Bienen zu halten.

## 9.2 Wie viel kann ich entnehmen?

Lassen Sie bei der Ernte zu der empfohlenen Jahreszeit genug Honig für den Winter übrig. Warré legte für Nordfrankreich 12 kg fest, welches, nach meiner Erfahrung, mindestens sechs volle Honigwaben umfasst. Im milden, maritimen Westwales finde ich, dass 9 kg in der Regel ausreichen. Das sind ungefähr drei Viertel von dem, was ich meinen Rähmchenbeuten belasse. Gehen Sie so lange auf Nummer sicher, bis Sie wissen, was für Ihre Umgebung erforderlich ist. Warré-Imker leben in sehr unterschiedlichen Klimazonen. Sie können bei örtlichen Imkerinnen und Imkern in Erfahrung bringen, welches durchschnittliche Gewicht an Honig ihre Rähmchenvölker benötigen, und, wie Warré herausgefunden hat, da Rähmchenbeuten mehr Honig zum Überwintern brauchen als die Volksbeute, können Sie etwa 80 % dieses Durchschnitts veranschlagen.

Um die Vorräte an Waben zu zählen, öffnen Sie den Bienenstock wie in Kapitel 8.1 beschrieben und zählen Sie die verdeckelten Honigwaben von *unten*. Dies ist wichtig, da der Blick von oben nicht anzeigen wird, ob die Waben voll sind. Da diese Methode für das Volk störend ist und Sie den Bienenstock möglicherweise überhaupt nicht öffnen müssen, wenn kein Überschuss vorhanden ist, besteht eine andere Möglichkeit zur Beurteilung der Vorräte darin, die Beute zu heben, um das Gewicht abzuschätzen.

## 9.3 Gewicht abschätzen

Erfahrene Imkerinnen und Imker schätzen das Gewicht ihrer Bienenstöcke ab, indem sie die Rückseite oder, im Fall der Volksbeute, eine Seite anheben und das Gewicht «fühlen». Sie können diese Fähigkeit entwickeln, indem Sie Zargen mit verschiedenen Gewichten beladen, sagen wir 5, 10 und 15 kg, indem Sie Ziegelsteine verwenden und beobachten, wie sich die Zargen anfühlen, wenn sie am Griff ein wenig angehoben werden. Für eine größere Genauigkeit sollten Sie möglicherweise eine Waage verwenden (Kapitel 4.2). In meiner Gegend reicht es aus, nur die obere Zarge zu wiegen. In sehr kalten Klimazonen, wo mehr als eine volle Honigzarge belassen werden müsste, wiegen Sie die beiden obersten Zargen. Lösen Sie dazu die Propolisschicht rund um die zu brechende Naht und befreien Sie die Zarge von Wachsverbindungen zur nächsten Zarge, wie in Kapitel 8.1 beschrieben. Bei diesem Verfahren können keine Bienen entweichen. Haken Sie die Waage unter dem Griff ein. Heben Sie die Zarge nicht mehr als 3 mm an und notieren Sie das Gewicht. Verfahren Sie ebenso beim anderen Griff. Addieren Sie die beiden Messungen. Ziehen Sie das zuvor notierte durchschnittliche Gewicht der Zarge(n) (Kapitel 4.2), das Gewicht der Waben (ungefähr 1 kg für 8 Waben) und eine «Schätzung» von 1 kg an Bienen pro

Zarge ab. Wenn Sie im späten Winter das Gewicht abschätzen, um zu prüfen, ob genügend Vorräte vorhanden sind, dürfen Sie nur 0,5 kg für die Bienen pro Zarge veranschlagen. Sie sollten nun eine Schätzung des Gesamtgewichts von Honig und Pollen haben. Seien Sie auf der sicheren Seite, wenn Sie davon ausgehen, dass etwa ein Zehntel des resultierenden Gewichts Pollen ist.

Weniger störend für das Brutnest ist es, zwei oder mehrere Zargen zu wiegen, ohne sie zu trennen. Dies könnte zu einer etwas geringeren Genauigkeit führen. Wenn jedoch genügend Vorräte vorhanden sind, dann könnte die obere Zarge gewogen werden.

## 9.4 Ernten einzelner Honigwaben

Wenn der Überschuss nur ein oder zwei Waben beträgt, ist es besser, mit der Ernte bis zum nächsten Frühjahr zu warten und zu sehen, wie die Dinge dann aussehen. Dies liegt daran, dass eine vollständige Entnahme der Waben zu diesem Zeitpunkt sehr wahrscheinlich einen Hohlraum im Nest hinterlassen und möglicherweise dessen thermische Effizienz beim Schutz der Bienen vor der Winterkälte beeinträchtigen wird. Sie können natürlich den Honig aus den Waben gewinnen und die Waben, die noch an den Oberträgern befestigt sind, in den Bienenstock zurückgeben. Honiggewinnung aus intakt bleibenden Waben würde spezielle Käfige erfordern, die in eine Schleuder passen und die Waben während des Schleudervorgangs festhalten (*Bienenhaltung für alle*, S. 89–90), aber ich kenne niemanden, der das auf diese Art macht.

Wenn es in den Haupttrachten im Frühjahr immer noch einen guten Honigüberschuss gibt, dann können Sie ein oder zwei Waben entnehmen, normalerweise von den äußeren Oberträgern. Die Entnahme von Waben mithilfe eines Wabenmessers wird in Kapitel 7.2.2 beschrieben. Halten Sie einen angezündeten Smoker und den Rest Ihrer grundlegenden Imkerausrüstung bereit. Zusätzlich benötigen Sie einen lebensmittelechten Behälter mit dicht schließendem Deckel. Dieser wird direkt neben der Beute mit geöffnetem Deckel platziert. Für wenige Cents erhalten Imker in meiner Gegend Polypropylen-Eimer, in denen die Zutaten an örtliche Bäcker und Konditoren geliefert werden. Zwei Haken aus steifen Drahtstücken, ähnlich wie beim Wabenmesser, nur ohne dass die Klinge abgeflacht und geschärft ist, sind nützlich, um sie zum Einsatz zur Hand zu haben, falls die schwere Honigwabe vom Oberträger abreißt. Benutzen Sie die Haken, einen in jeder Hand, um die Wabe anzuheben. Bevor Sie die Wabe entnehmen, geben Sie leicht Rauch auf jeder Seite, damit die Bienen verschwinden. Wenn nur wenige Bienen aufsitzen, dann ist der Einsatz von Rauch unnötig. Möglicherweise möchten Sie die gelösten Waben einige Minuten lang an ihrem Ort belassen, um den Bienen zu erlauben, den aus den offenen Zellen ausgetretenen Honig aufzunehmen. Achten Sie darauf, die gelöste Wabe beim Anheben nicht zu stark zu belasten. Wenn Sie sie herausgezogen haben, stellen Sie die Wabe mit der Unterseite oben auf die Zarge und fegen Sie alle verbleibenden Bienen mit einer Feder ab. Geben Sie die Wabe in den Behälter und schneiden Sie sie etwa 5 mm unterhalb des Oberträgers ab, setzen Sie den Deckel wieder auf und bringen Sie den Oberträger wieder im Bienenstock an. Seien Sie sich des Risikos von Räuberei bewusst, die durch ausgetretenen Honig ausgelöst wird.

## 9.5 Ernten ganzer Zargen

In diesem Fall können Sie, unabhängig davon, ob Sie sich in Ihrer ersten oder späteren Saison befinden, durch die Bewertung der Vorräte anhand von Wabenzählen oder durch Gewichtabschätzen eine oder mehrere Zargen mit überschüssigem Honig für sich selbst behalten. Wenn hingegen kein Überschuss zu ernten ist, dann sind Sie mit der Situation konfrontiert, die Zarge bis zur nächsten Saison am Platz zu belassen, womit Sie die Gelegenheit nicht wahrnehmen können, alte Waben aus dem System zu entfernen. Obwohl das nicht ideal ist, stellt es kein großes Problem dar. Verfasser von Imkereibüchern haben über die Verwendung von bis zu 20 Jahre alten Waben berichtet. Mein Mentor hatte Waben in den Honigräumen, die über 30 Jahre alt waren! Im darauffolgenden Frühjahr könnten Sie jedoch das Entfernen der Zarge beschleunigen, so wie ich es in Kapitel 13.1 beschreibe.

Nehmen Sie neben Ihrer grundlegenden Imkerausrüstung entweder ausreichend große Plastikbeutel, in welche geerntete Zargen hineingepackt werden können, oder genügend Tabletts mit zum Bienenstand, die unter die Zargen passen, sowie Bretter, die auf die Oberseiten der entfernten Zargen passen. Das ist nicht nur, um austretenden Honig aufzufangen, sondern auch um Räuberei vorzubeugen.

Bevor Sie Ihren Honig entnehmen können, müssen Sie die Zarge von Bienen befreien. Warré und Guillaume raten dazu, die Bienen durch Raucheinsatz in die darunterliegende Zarge zu vertreiben. Nach meiner Erfahrung kann das lange dauern und ist nicht immer ganz erfolgreich. Weiterhin riskiert man, dass der Honig mit Rauch beschmutzt wird und winzige Holzkohlepartikel eingebracht werden, die im Honigtopf auffällig sichtbar sind, außer, es wird eine Feinfiltration verwendet. Es ist auch weniger bienenfreundlich als die anderen unten beschriebenen Methoden des Vertreibens der Bienen von einer Zarge.

Legen Sie zuerst die Zarge, wie in Kapitel 8.1 beschrieben ist, frei. Wenn Sie möchten, können Sie die Zarge vorübergehend auf drei oder vier 3-mm-Keile anheben. Falls Wachsbrücken durchtrennt werden müssen, lassen Sie den

Bienen etwa eine Viertelstunde Zeit, um austretenden Honig aufzunehmen. Ziehen Sie das Abdecktuch etwa zur Hälfte ab und geben Sie reichlich Rauch unter das Tuch und zwischen die Waben. Das Tuch hilft dabei, den Rauch zu erhalten, und die daraus resultierende höhere Konzentration führt zu einem schnelleren Rückzug der Bienen. Wenn die meisten Bienen aus der Zarge heraus sind, nehmen Sie diese vom Bienenstock ab und übertragen Sie das Abdecktuch auf die nächste Zarge, entfernen Sie durch Raucheinsatz oder Abbürsten alle noch in der Zarge befindlichen Bienen und verpacken Sie sie entweder oder setzen Sie sie auf ein Tablett mit einer Abdeckung, um Bienen fernzuhalten. Verfahren Sie ebenso mit allen anderen Zargen, die geerntet werden sollen.

Einige bevorzugen statt Rauch, oben auf die Zarge ein Verdunstungsbrett aufzulegen, welches mit einem bienenabweisenden Mittel getränkt ist, z. B. Bittermandelöl oder Fischer's 'Bee Quick'.[40] Das Brett hat unterhalb einen flachen Rand, an dem eine Stoffunterlage befestigt ist, auf der das abweisende Mittel aufgetragen wird. Die Sonnenwärme verdunstet das Mittel und verstärkt so die Wirkung. Ich habe es bei keinem Bienenstock ausprobiert. Es ist tatsächlich denkbar, dass Spuren des Mittels auf die Waben übertragen werden. Das Gleiche gilt jedoch auch für Rauch. Da die Bienen weder Rauch noch Verdunstungen mögen, bevorzugen Sie möglicherweise ein Fluchtbrett-Verfahren.

Zwei Fluchtbrett-Verfahren, um Bienen aus der Warré-Beute zu treiben, werden hier beschrieben, das erste mit dem Fluchtbrett im Bienenstock, das zweite mit diesem außerhalb des Bienenstocks. Bienenfluchten aus Kunststoff (6- oder 8-Wege, Raute, Porter usw.) sind im Imkereifachhandel erhältlich. Eine 8-Wege-Bienenflucht passt in die innere Grundfläche einer Warré-Zarge. Sie muss auf einem umrandeten Brett mit einem in der Mitte geschnittenen Loch und mit Rändern montiert werden, die oben ausreichend Tiefe bieten (ca. 20 mm), um den Bienen den Zugang zu ermöglichen, und unten (30–50 mm) für Bienen, die durchgelaufen sind, sich zu sammeln.

9.1 8-Wege-Bienenflucht

Machen Sie die Zargen frei, die geerntet werden sollen. Da sie fast ausschließlich Honig enthalten sollten, ist es unwahrscheinlich, dass sich die Königin darin befindet. Möglicherweise möchten Sie jedoch die Wahrscheinlichkeit, dass sie dort ist, noch weiter verringern, indem Sie das Abdecktuch entfernen und ein wenig Rauch zwischen die Waben geben. Das Eindringen von Licht und Rauch sollte sie nach unten treiben. Stellen Sie die von Bienen zu befreienden Zargen beiseite, indem Sie einen Warré-Zargenständer benutzen, oder öffnen Sie mit dem Bienenstock-Heber einen ausreichenden Spalt darunter, um das Fluchtbrett einzulegen. Schieben Sie das Fluchtbrett in die richtige Lage und setzen

Sie die Zargen wieder auf oder senken Sie sie ab. Ich lasse Fluchtbretter generell über Nacht aufgesetzt. Es könnte länger dauern. Wenn sich die Königin über der Flucht befindet, funktioniert das Verfahren nicht, da es darauf ankommt, dass die Bienen die Zarge verlassen, um die Königin unten zu suchen.

Um eine Zarge außerhalb des Bienenstocks von Bienen zu befreien, hat Andrew Janiak über eine Methode berichtet, die für ihn gut funktioniert. Der Vorteil gegenüber dem Verfahren des Vertreibens der Bienen im Bienenstock besteht darin, dass das Volk nur einmal gestört wird. Die Zarge wird auf einem Tablett neben dem Flugloch positioniert und mit einem Fluchtbrett abgedeckt, in welchem sich Löcher befinden, auf denen Bienenfluchten angebracht sind, die aus bienenfesten Netzkegeln aus Metall oder Kunststoff bestehen, welche ein Loch an der Spitze besitzen, damit die Bienen herauskommen können. Ein Fliegengitternetz aus Metall oder Kunststoff für die Kegel ist ausreichend.

Lassen Sie es für 24 Stunden aufgesetzt. Austretende Bienen wittern bald ihr «Zuhause». Alle Bienen, die in der Zarge verbleiben, sind in der Regel Stockbienen und Drohnen, die nicht gehen wollen. Diese können mit ein bisschen Rauch und/oder einer Feder entfernt werden.

9.2 Links: außen aufgesetztes Fluchtbrett. Rechts: Nahaufnahme einer Bienenflucht (Foto: Andrew Janiak)

# Honiggewinnung 10

Da dieses Buch in erster Linie als Einstieg gedacht ist, konzentriere ich mich hier auf die einfachste Form der Honiggewinnung, wobei ich meist auf Geräte zurückgreife, die gewöhnlich in der häuslichen Küche zu finden sind. Ein Großteil Ihres Honigs wird aus Waben gewonnen, die einst Brut enthielten. Einige sagen, dass dieser Honig minderwertiger gegenüber dem sei, der in den Honigaufsätzen über dem Absperrgitter bei Langstroth-Beuten eingelagert wird. Der Fehler dieser Sichtweise wird aus den folgenden Beobachtungen deutlich.

Bienen reinigen die Zellen gewissenhaft, nachdem eine Biene geschlüpft ist. Die Wabe in einer Warré-Beute ist in einem kontinuierlichen Erneuerungsprozess. Normalerweise durchläuft sie nur ein oder zwei Brutzyklen, bevor die Wabe mit Honig gefüllt und geerntet wird, um anschließend nicht mehr in den Bienenstock zurückgegeben zu werden. Waben in den Honigaufsätzen von Rähmchenbeuten werden wieder und wieder verwendet, manchmal 30 Jahre lang oder mehr. Sie enthalten Pestizide und andere künstliche Giftstoffe, und das Maß ihrer späteren Freisetzung in den Honig ist unbekannt. Mit Honig gefüllte Brutwabenzellen in Rähmchen können wochenlang mit Honig in Kontakt bleiben, was lang genug ist, damit der Honig extrahierbare Stoffe aus der Wabe aufnehmen kann, bevor er in die Honigräume übertragen wird. Das gilt auch für Honig in Rähmchenbeuten, der sich auf dem Weg zum Brutnest befindet, nachdem er von Stockbienen vorübergehend am Boden abgelegt wurde, die ihn von Sammlerinnen erhalten haben. Vertikal angeordnete Oberträgerbeuten, die auf die gleiche Art betrieben und geerntet werden wie die Warré-Beuten, sind in Japan seit mindestens 500 Jahren im Einsatz, und dabei wird dieser Honig wegen seines Geschmacks geschätzt. Der entsprechende Zeitraum in Europa beträgt mindestens 200 Jahre. Honig aus Brutwaben wird seit Jahrtausenden von Honigjägern aus wilden Bienenvölkern und von Imkern aus Bienenkörben, Baumstämmen usw. geerntet. Einige sagen, dass Geschmack und Duft sich dadurch verbessern, weil er aus einer Brutwabe stammt. Gegenüber dem Argument, dass Brutwaben Kot von Larven enthalten, ist anzumerken, dass verschiedene Lebensmittel, z. B. Kieler Sprotten, mit dem gesamten Darm des Organismus gegessen werden. In den Wänden der Brutwabe können sich antibiotische und andere mikrobenhemmende Substanzen befinden, die die Qualitäten des Honigs verbessern könnten, z. B. aus Propolis. Die meisten echten Lebensmittel sind nicht steril, wenn sie gegessen werden. Ein Importeur tropischer Honige erzählte mir, dass Imker aus Ostafrika, die Oberträger-Beuten verwenden, eine Kostprobe von «reinem» Honig aus Großbritannien, der ihnen angeboten wurde, nicht als echten Honig ansehen.

Honig-Feinschmecker sagen, der beste Honig ist der, welcher am wenigsten verarbeitet wird. Das wäre Honig, der in der Wabe angeboten und oft als geschnittene Wabe oder «Teile» verkauft wird. Er erzielt eine stattliche Geldsumme im Vergleich zu Honig im Glas. Der nächste, am wenigsten verarbeitete Honig ist der, welcher aufgrund der Schwerkraft aus der Wabe ausfließt, nachdem er zerschnitten wurde. Dicht dahinter schließt sich der Honig an, der durch Zerkleinern und Sieben gewonnen wird. Honig, der durch Schleudern gewonnen wird, ein Verfahren, welches hier nicht beschrieben wird, ist stärker der Luft ausgesetzt, wodurch sein feiner Duft beeinträchtigt wird. Aber letztlich ist alles Geschmackssache.

Ich habe bereits zwei «Problem»-Honige erwähnt, nämlich Raps und Efeu, aber es gibt noch eine andere Art in dieser Gruppe, nämlich thixotropen (gelartigen) Honig. Es ist z. B. unmöglich, Heidehonig aus Waben in Rähmchen von Honigräumen durch Schleudern zu gewinnen, der jedoch leicht ohne besondere Ausrüstung durch Pressen gewonnen werden kann. Da das Gel dazu neigt, sich wieder zu bilden, funktioniert das Ausfließen allein aufgrund der Schwerkraft nicht so gut, selbst wenn die Wabe vorher zerkleinert wurde. Eine altbewährte Methode besteht darin, die zerkleinerte Wabe in eine Tasche aus Musselin-Stoff zu packen und mit den Händen zu bearbeiten. Heutzutage könnte man aus hygienischen Gründen eng anliegende, honigfeste Handschuhe tragen. Alternativ kann die Tasche zwischen zwei Brettern ausgedrückt werden,

10.1 Warré-Honigwaben (Foto: John Haverson)

die an einem Ende durch Scharniere miteinander verbunden sind und am anderen Ende Griffe haben.

## 10.1 Zerschneiden und abtropfen

Stellen Sie die zu erntende Zarge umgedreht auf ein Abtropftablett und schneiden Sie die Waben mit einem gezackten Messer, z. B. einem Brotmesser, von den Zargenseiten frei. Heben Sie bei aufrecht stehender Zarge eine Wabe heraus und platzieren Sie sie auf ein Brett oder Tablett. Schneiden Sie den Oberträger etwa 5 mm in die Wabe hinein ab und legen Sie den Träger über einen geeigneten Behälter, damit der Honig abtropfen kann. Die verbleibende Wabe dient den Bienen als Starter, wenn die Zarge wiederverwendet wird. Untersuchen Sie die Wabe auf Bereiche, die reinweiß oder nahezu reinweiß sind. Dabei handelt es sich um Waben, die keine Brut enthielten und als Schnittwabenhonig verzehrt werden können. Schneiden Sie diese in Stücke und packen Sie sie in Behälter. Der Imkereifachhandel verkauft zu diesem Zweck kleine Kunststoffbehälter. Einer meiner Kunden fragt sogar nach geschnittenen *Brut*waben, nachdem er einmal Wildhonig aus Afrika genossen hatte.

Wenn in den Waben kein Honig mehr ist, können Sie diese für Schwarmlockbeuten verwenden, nachdem Sie die Waben auf Rückstände von Brutkrankheiten untersucht haben (Kapitel 15.7). Falls sich bereits Wachsmotteneier in ihnen befinden, ist es angezeigt, sie zuerst für 48 Stunden im Gefrierschrank zu lagern und danach in versiegelten Plastiktüten.

Überprüfen Sie nun, ob es Bereiche gibt, wo die Honigzellen nicht verdeckelt sind. Es ist möglich, dass der Honig bei diesen nicht voll ausgereift ist, d. h., er wurde nicht auf einen Feuchtigkeitsgehalt von unter 20 % getrocknet. In diesem Fall bleibt er nicht haltbar, sondern gärt sogar im Kühlschrank. Wenn es nur einen kleinen Anteil des ganzen Honigs ausmacht, sagen wir unter 10 %, dann können Sie fortfahren und ihn verwenden. Sollten es jedoch mehr sein, ist es ratsam, eine Probe durchzuführen. Halten Sie die Wabe mit beiden Händen und versuchen Sie mit einem starken Ruck, den unverdeckelten Honig auf ein Tablett auszuwerfen. Wenn er in der Wabe bleibt, können Sie ihn als Honig gewinnen. Falls nicht, dann verfüttern Sie ihn und den Rest des flüssigen Honigs an Ihre Bienen, wobei Sie zuerst die Wabe, die diesen Honig enthält, von den restlichen herausschneiden.

Um die abgetropfte Honigwabe möglichst wenig zu beschädigen, schneiden Sie den Rest davon in Streifen und schneiden Sie dabei jedes Mal mit einem scharfen Messer durch die Mitte benachbarter Zellreihen. Kratzen Sie von Zeit zu Zeit die Streifen ab und geben Sie sie mit dem austretenden Honig in ein Sieb über einer Schale. Verfahren Sie ebenso mit allen anderen Waben.

10.2 Zerschnittene Waben in einem Sieb über einer Schale

Gelegentlich kann es vorkommen, dass Pollen, wie Bienenbrot, mit verdeckeltem Honig überzogen ist. Dies kann vom Rest durch eine andere Farbe oder Dicke der Wabe unterschieden werden. Es macht wenig Sinn, es dem Rest hinzuzufügen, daher schneiden Sie es rundherum ab und entfernen Sie es. Sie können überlegen, ob Sie es einfrieren und aufbewahren wollen, um es zusätzlich an Ihre Bienen zu verfüttern.

Lassen Sie die Wabe mindestens 24 Stunden lang an einem warmen Ort abtropfen. Manche packen sie sogar bei Sonnenschein in ein Auto. Stellen Sie sicher, dass die Temperatur nicht über 40 °C liegt und dass es keinen Zugang für Bienen gibt, oder sie werden von weit her angeflogen kommen. Füllen Sie den Honig in Gläser ab (Kapitel 10.3) und lagern Sie ihn an einem kühlen und dunklen Ort.

Ein besonders biegsamer Küchenspatel ist ein ideales Werkzeug, um die letzten Tropfen Honig aus Behältern zu holen.

## 10.2 Zerkleinern und sieben

Für eine schnellere und umfangreichere Methode, die jedoch aufgrund der Freisetzung von Wabenbestandteilen und Pollen zu einem trüberen Honig führen kann, schneiden Sie die Wabe in Stücke und legen Sie diese in einen Behälter, beispielsweise einen Eimer. Zerdrücken Sie sie mit einem geeigneten Werkzeug wie einem Kartoffelstampfer oder einem Stück Holz. Die Honigmasse entweder durch ein feinmaschiges Küchensieb oder durch einen Beutel zum Sieben von Lebensmitteln, z. B. einen Gelee-Siebbeutel, abseihen. Manche benutzen einen Farbsiebbeutel. Aus einem solchen Beutel und zwei Lebensmitteleimern aus Plastik mit Deckeln lässt sich ein kostengünstiger Siebaufbau mit großem Fassungsvermögen herstellen. In den Deckel des ersten Eimers, des Auffangbehälters, wird ein großes Loch geschnitten, das in den Boden des zweiten Eimers, des Siebs, passt. Mehrere Löcher werden in den Boden des Siebeimers gebohrt, und ein Filterbeutel wird hineingelegt, wobei der Beutelrand über die Eimerwände gelegt wird. Die Honigmasse wird eingefüllt, locker mit dem Deckel abgedeckt und das Ganze beliebig lange an einem warmen, bienensicheren Ort stehen gelassen. Obwohl hierbei ein trüberer Honig entstehen kann, bevorzugen einige mehr Pollen in ihrem Honig. Ich habe tatsächlich Kunden, die meinen Honig speziell für den eigenen Verzehr kaufen, da er das örtliche Spektrum an Pollen beinhaltet und sie daran glauben, dass er ihren Heuschnupfen eindämmt.

Wenn Sie so viel Honig produzieren, dass Sie welchen verkaufen können, dann müssen Sie die örtlichen Lebensmittelhygiene- und Kennzeichnungsvorschriften beachten. Ihr örtlicher Imkerverein kann Ihnen hierbei behilflich sein. Sie müssten beim Verkauf keine Schwierigkeiten haben, der entweder vor Ihrer Haustür oder über örtliche Einzelhändler stattfinden kann. Läden in meiner Umgebung fragen immer nach Honig aus der Region.

## 10.3 Abfüllen

Wenn große Mengen an Honig abgefüllt werden, d.h. 10 kg oder mehr, kann es eine schmutzige Angelegenheit sein, dies durch Schöpfen oder Gießen zu erreichen. Am einfachsten ist das Abfüllen mit einem Honigtank (Absetzbehälter). Dieser kann leicht und kostengünstig aus einem lebensmittelechten Plastikeimer mit Deckel mit einem Fassungsvermögen von etwa 10 Litern und einem 40-mm-Honighahn aus Kunststoff hergestellt werden, der im Imkereifachhandel erhältlich ist. Schneiden Sie mit einem spitzen Küchenmesser mit schmaler Klinge ein zuvor markiertes Loch in der richtigen Größe in der Nähe des Eimerbodens aus und montieren Sie den Hahn mit der mitgelieferten Schraube und Dichtung. Testen Sie die Dichtung vor dem Einsatz mit einem vollen Eimer Wasser. Stellen Sie sicher, dass der Eimer trocken ist, bevor Sie Honig hineinfüllen.

Der abzufüllende Honig wird in den Honigtank gegossen und dort für mindestens 24 Stunden stehen gelassen, damit Luftblasen und Wachspartikel, Propolis usw. an die Oberfläche steigen. Wenn der Eimer auf einer Unterlage in geeigneter Höhe auf einer Tischoberfläche platziert wird, kann die bedienende Person bequem sitzen und Gläser abfüllen. Der Deckel sitzt beim Abfüllen nur lose auf dem Eimer.

## 10.4 Was geschieht mit der Wabe?

Egal wie lange Sie die Wabe abtropfen lassen, sie enthält immer noch eingeschlossenen Honig. Sie könnten ihn an die Bienen verfüttern (Kapitel 11.2.2) oder die letzten Tropfen durch Pressen der Wabenreste in einem Stoffbeutel (ich verwende Baumwolle), in einer Apfelpresse oder in einer speziellen Honigpresse gewinnen, die bei einem Imkereihändler erhältlich ist. Eine solche

Presse, oft Heidehonigpresse genannt, ist teuer, aber effizient, ergibt einen relativ klaren Honig und verkleinert die Wabe zu einer dichten Masse, die zur weiteren Verarbeitung zur Gewinnung des wertvollen Wachses bereit ist. Wurstfüller werden auch zum Pressen von Waben verwendet. Selbst gebaute Pressen werden aus Holz gebaut, und der Druck wird mit einem Scherenwagenheber ausgeübt.[41]

Es gibt verschiedene Möglichkeiten, das Wachs aus der Wabe zu gewinnen. Ich beschreibe hier zwei: das Heißwasserverfahren und den Sonnenwachsschmelzer. Geben Sie beim Heißwasserverfahren das Wachs in einen Stoffbeutel, nehmen Sie eventuellen Spielraum auf und binden Sie ihn fest zu. Tauchen Sie ihn in einen alten Topf ins Wasser und nehmen Sie etwas, um den Beutel gut unter der Wasseroberfläche zu halten, z. B. ein Drahtnetz oder einen Stein. Bringen Sie das Wasser leicht zum Kochen. Lassen Sie es langsam köcheln oder halten Sie es etwa eine Stunde lang nahe am Siedepunkt. Dann abkühlen lassen. Die Wachsmasse wird beim Aushärten von der Oberfläche abgehoben. Der Ertrag ist bei diesem Verfahren recht gering. Abhängig davon, wozu Sie es verwenden wollen, z. B. für Kerzen, müssen Sie möglicherweise das Wachs heiß filtern, um Partikel zu entfernen. Eine alternative Reinigungsmethode besteht darin, dass sich Partikel nach dem erneuten Schmelzen des Wachses absetzen. Wenn ausreichend Wachs gesammelt wurde, dann schmelzen Sie es in einem Behälter mit der gleichen Menge an Wasser in einer Bain-Marie und lassen das Ganze ganz langsam und ohne Störung abkühlen, z. B. in einem isolierten Behälter. Die Partikel konzentrieren sich an der Wachs-Wasser-Oberfläche und können mit einem Messer von dem entstandenen Block abgeschabt werden. Aber wenn das Wachs nur für die Starterstreifen der Oberträger verwendet wird, dann ist dies nicht notwendig.

Ich verarbeite meine gepresste Wabe in einem selbst gebauten Sonnenwachsschmelzer. Da beim Pressen immer etwas Honig in der Wabe bleibt und dieser mit der Zeit den Schmelzer verstopft, zerbröckle ich die Wabenmasse in lauwarmem Wasser, um den restlichen Honig aufzulösen, seihe die Flüssigkeit durch ein Sieb ab und lasse die Wabe, die auf einem Plastikkorb abgelegt wird, einige Tage auf einem Tuch trocknen. Die trockene Wabe bleibt für ein bis zwei Tage im Sonnenwachsschmelzer oder so lange, bis die letzten Wachstropfen ausgetreten sind. Mein Sonnenwachsschmelzer hat unter der Wabenmasse ein Baumwolllaken, sodass das Wachs bereits gefiltert austritt und für die Herstellung von Kerzen und anderen Bienenwachsprodukten geeignet ist. Sonnenwachsschmelzer können beim Imkereifachhandel bezogen werden, sind jedoch teuer. Daher stellen Imker diese oft selbst aus alten Doppelverglasungsfenstern her.[42]

# Füttern 11

Ihre Verfahrensweise beim Füttern wird sehr von Ihrer grundsätzlichen Haltung als Imkerin bzw. Imker abhängen. Wenn Sie viel in Ihre Bienen investiert haben, werden Sie sie wahrscheinlich nicht aus Mangel an etwas Honig oder Zucker verhungern lassen wollen. Vielleicht verspüren Sie sogar eine Fürsorgepflicht, wenn Sie Bienen in einem Bienenstock mehr oder weniger unter Ihrer Kontrolle halten. Aber übertriebenes Füttern kann den natürlichen Selektionsdruck beseitigen, der sonst auf die Bienen einwirken und dabei ihre Widerstandsfähigkeit beeinträchtigen würde. Man könnte beispielsweise voraussehen, dass Völkern, die sich sonst nicht vermehren würden, weil sie zu unvorsichtig oder nicht sparsam genug oder sogar ein wenig krank sind, durch Füttern über eine Hürde hinweggeholfen wird. Es ist daher zu bevorzugen, lieber grausam gegenüber der einzelnen Biene oder einem Einzelvolk zu sein, aber dafür sorgsam gegenüber der Population. Aber wenn die Trachtbedingungen auf lange Sicht schlecht sind, dann brauchen die meisten Ihrer Völker Hilfe, um über den Winter zu kommen, und Sie werden sie sehr wahrscheinlich füttern. Eine solche Situation ist sicher nicht ein Fehler der Bienen. Es kommt darauf an, das richtige Maß zu finden, das zu Ihnen passt. Der beste Zeitpunkt, um die Wintervorräte aufzustocken, ist der Frühherbst.

Zuerst sehen wir uns die verschiedenen Arten von Fütterern an und diskutieren dann, welche wann eingesetzt werden und womit gefüttert wird. Sie können das gesamte Füttern mit Schraubgläsern und/oder Lebensmittelbehältern aus Kunststoff mit dicht schließendem Deckel erledigen. Es ist nicht notwendig, sich in große Unkosten zu stürzen. Wenn Sie jedoch mehrere Völker haben, bevorzugen Sie möglicherweise die Zweckmäßigkeit eines speziell entworfenen Fütterers.

## 11.1 Fütterer

### 11.1.1 Deckelfütterer von oben

Diese sind speziell dafür gedacht, wenn ein Auseinandergehen der Bienentraube verhindert werden soll oder wenn die Bienen die Traube nicht einfach verlassen können, z. B. bei sehr kalter Witterung. Warré schlägt vor, das Abdecktuch so zu verändern, dass es in der Mitte ein mit Drahtgaze bedecktes Loch enthält, das mit einer Stoffklappe des Abdecktuchs verschlossen werden kann. Er stellte ein umgedrehtes Glas Sirup (Honig oder Zucker) auf die Öffnung, das mit einem Baumwolltuch fest umwickelt war. Die Bienen nehmen den Sirup vom Tuch auf, und die Luft dringt nach und nach ein, um das Vakuum freizusetzen. Der Vorteil besteht darin, dass das Futter nachgefüllt werden kann, ohne die Bienen herauszulassen. Eine Schwierigkeit ist, dass die Gaze für die Bienen den Zugang zu Fütterern mit hoher Kapazität oder Futterteig beschränkt.

11.1 Deckelfütterer mit verschiedenen Fassungsvermögen; beachten Sie die Durchlöcherungen im Deckel.

Beim Füttern lege ich stattdessen ein anderes Tuch auf mit einem zentralen 75-mm-Loch. Alternativ können Sie eine Klappe schneiden, die einer Lücke zwischen den Oberträgern entspricht. Über der Öffnung platziere ich ein Honig- oder Marmeladenglas bzw. einen größeren Futterbehälter mit ein paar Dutzend Löchern von etwa 1 mm Durchmesser, die mit einem Nagel in der Nähe der Mitte gebohrt oder gestanzt wurden. Das Funktionsprinzip ist das gleiche. Das Glas befindet sich in einem leeren Kissenrahmen und ist normalerweise mit einer Isolierung umgeben, die einfach ein Stoffbeutel sein kann, welcher Füllmaterial des Kissens enthält. Bei diesem Aufbau liegt der Rand des Daches unterhalb des Abdecktuchs, sodass kein Regen eindringen kann. Wenn eine größere Zarge verwendet wird, um den Fütterer und das darüber gelagerte

Kissen aufzunehmen, dann liegt nun der Rand des Abdecktuchs frei und es besteht die Gefahr, dass Feuchtigkeit eindringt. Ich finde, dass dies selten ein Problem darstellt, wenn der Fütterer nach Abschluss der Fütterung entfernt wird. Eine weitere Möglichkeit ist das Abkleben der Naht.

Für die ergänzende Herbstfütterung kann der Behälter so groß wie ein 4-Liter-Lebensmitteleimer sein, der in einer Warré-Zarge ohne Oberträger untergebracht ist. Da Zuckerlösung verschüttet wird, während das Vakuum nach dem Umdrehen des Futterbehälters aufgebaut wird, verwenden Sie einen verschließbaren Ersatzbehälter, um die verschüttete Flüssigkeit aufzufangen, um so das Risiko von Räuberei zu vermeiden. Weiterhin kann es umso wichtiger sein, dass der Bienenstock vollkommen eben ist, je größer der Behälter ist. Man möchte hierbei die Situation vermeiden, dass Zuckerlösung heraussickert und Räuber eventuell Zugang bekommen.

### 11.1.2 Andere Fütterer von oben

Ein preiswerter Fütterer von oben mit hoher Kapazität, der manchmal Schnellfütterer genannt wird, kann im Bienenfachhandel bezogen werden. Es handelt sich um eine durchsichtige, runde Wanne aus Kunststoff mit einem zentralen Loch und einem Bienenweg aufwärts, durch den die Bienen zum Trinken krabbeln, ohne Gefahr zu laufen, in der Flüssigkeitsmenge zu ertrinken.

11.2 Unterseite und Blick von oben auf einen Herbstfütterer für eine Warré-Beute

Ob nachgefüllt werden muss, kann man auf einen Blick erkennen, wenn man den abnehmbaren Deckel anhebt, ohne dass dabei die Bienen gestört werden. Dieser Fütterer passt in eine Warré-Zarge oder einen Kissenrahmen und kann auf das Abdecktuch gesetzt werden, in welches ein Loch geschnitten ist.

Für die ergänzende Herbstfütterung empfiehlt Warré den Einsatz eines Futtertrogs aus Holz in der Größe einer Warré-Zarge (*Bienenhaltung für alle*, S. 84–85). Er basiert auf dem Prinzip des Ashforth-Fütterers und fasst etwa 10 Liter. Ein starkes Bienenvolk kann einen davon in ein oder zwei Tagen leeren. Das Abdecktuch wird gerade so weit zurückgeklappt, um den Weg für die Bienen im Fütterer freizugeben. Das Nachfüllen geschieht, ohne die Bienen zu stören. Der Vorteil von Warrés Konstruktion ist, dass der Boden zum Bienenweg hin geneigt ist, sodass keine Bienen in den Tank gelangen können, bis sie die gesamte Flüssigkeit aufgenommen haben. Ein Ashforth-Fütterer in Warré-Größe kann bei Ickowicz, einem Imkereifachhändler in Frankreich, bezogen werden. Er kann aber auch von jedem halbwegs erfahrenen Holzarbeiter leicht hergestellt werden. Das Entscheidende ist, dass der Tank gut abgedichtet ist. Einige benutzen dafür Bienenwachs, andere lackieren oder malen ihn an, was den potenziellen Nachteil mit sich bringt, dass extrahierbare Stoffe in den Sirup gelangen können.

Es spricht nichts gegen die Fütterung auf althergebrachte Imkereiart von oben. Eine Schale mit Sirup wird in einen Zusatzkasten mit ausreichender Tiefe auf das Abdecktuch gestellt, das leicht nach hinten geklappt werden muss, um den Bienen den Zugang zu ermöglichen. Die Schale wird mit Stroh gefüllt oder die Oberfläche ist fast vollständig mit Weinkorken bedeckt, damit die Bienen nicht ertrinken. Träufeln Sie ein wenig Sirup in das Brutnest, um den Bienen mitzuteilen, das Fütterungszeit ist. Dies ist kein Deckelfütterer, da die Bienen zum Füttern die Traube verlassen müssen, was sie bei kalter Witterung nicht tun werden.

### 11.1.3 Bodenfütterer

Warré empfiehlt seinen raffiniert konstruierten Bodenfütterer für den Einsatz im Frühjahr/Sommer (*Bienenhaltung für alle*, S. 86). Dieser hat eine Schublade, die aus der Rückseite der Beute herausgezogen werden kann, um das Nachfüllen zu ermöglichen, während die Bienen nur minimal gestört werden. Er ist offenbar nicht auf dem Markt erhältlich, lässt sich aber recht einfach herstellen. Ich habe nie einen gebaut, da ich die anderen Möglichkeiten praktischer finde und ich auch einen Bienenstock-Heber besitze. Jede Wanne oder jeder Boden mit Zugang von hinten kann auf die gleiche Weise genutzt werden (Abb. 2.25, S. 44).

11.3 Bodenfütterer; beachten Sie die Sicht nach innen mit Spiegel (Foto: John Haverson).

Ein Bodenfütterer kann jede Art von Behälter ab etwa 10 Litern sein, der entweder mit Stroh gefüllt oder dessen Oberfläche fast vollständig mit Weinkorken bedeckt ist. Nach meiner Ansicht besteht der Nachteil beim Einsatz eines Bodenfütterers in dem Risiko, dass Gemüll vom Brutnest in den Futterbehälter fallen kann. Dies schwächt möglicherweise die Hygienemaßnahmen des Bienenvolks. Der Fütterer könnte natürlich so konstruiert werden, dass die Flüssigkeitsoberfläche durch eine Abdeckung geschützt ist.

### 11.1.4 Andere Fütterer

Ein Fluglochfütterer, der im Bienenfachhandel erhältlich ist, hat den Vorteil, dass er einfach an der Außenseite angebracht werden kann, besitzt aber den Nachteil, dass sich die Futteröffnung ziemlich nahe am Flugloch befindet, wo sie Räuber anlocken könnte, besonders wenn Honigsirup verwendet wird. Da das Warré-Flugloch direkt im Inneren über eine Stufe nach oben verfügt, ist das Einsetzen unter Umständen ohne eine Änderung des Fluglochs nicht möglich.

Bei einigen sind Fütterer von oben in Form von Plastikbeuteln (z.B. mit Reißverschluss) beliebt, aber da es sich um Einwegbehälter handelt, sehe ich zumindest aus Nachhaltigkeitsgründen wenig Sinn, sie gegenüber verschließbaren Hartplastik- oder Glasbehältern zu empfehlen. Sie fallen auch nicht in die Kategorie der Deckelfütterer, da die Bienen auf die Oberseite des Beutels krabbeln müssen, um den Futterschlitz zu erreichen.

## 11.2 Was soll ich füttern?

An dieser Stelle des Buches wird die Leserin bzw. der Leser damit vertraut sein, wie man die Bienen entweder mithilfe einer Feder bzw. Bürste oder durch den Einsatz von Rauch zur Zusammenarbeit anregt. Beides kann beim Füttern der Völker notwendig sein.

### 11.2.1 Sirup

Ohne Zweifel bevorzugt die naturnahe Imkerin das Füttern von Honig. Wenn er als Sirup verabreicht wird, sollte er, um das Risiko der Gärung zu vermeiden, in kleinen Mengen zubereitet werden, die an einem Tag aufgenommen werden können. Zwei Teile Honig werden mit einem Teil Wasser vermischt, beides wird nach Gewicht abgemessen. Neuimker haben jedoch keinen eigenen Honig, und gekaufter Honig kann Krankheitserreger enthalten, es sei denn, er kommt von einem Bienenstand, der sehr gut auf Faulbrut und andere Krankheiten überwacht wird. Die nächstbeste Alternative ist daher ein Sirup aus *reinem* Bio-Zucker aus Zuckerrohr oder Rüben, der aus zwei Gewichtsteilen Zucker und einem Teil Wasser hergestellt wird. Unreiner (brauner) Zucker stellt eine erhebliche Belastung für das Verdauungssystem der Bienen dar, besonders im Winter, wenn Reinigungsflüge nicht möglich sind. Der Hauptnachteil von Zucker ist, dass er nicht die Mikronährstoffe und die Mikroflora von Honig, der eigentlichen Nahrung der Biene, enthält. Weiterhin besteht bei übermäßiger Fütterung von Zucker die Gefahr, dass er in den Waben eingelagert und später als «Honig» geerntet wird. Lebensmittelfarbstofftests haben gezeigt, dass Zuckersirup wie Honig im Bienenstock bewegt wird und sich am Ende mit dem Honig vermischen kann.

Flüssigfutter kann bei schlechtem Wetter für neu einlogierte Bienenschwärme oder als Zusatzfütterung im Herbst zur Vorbereitung der Bienenstöcke auf den Winter verwendet werden. Naturnahe Imkerinnen und Imker verzichten auf eine Reizfütterung mit Sirup, die künstlich eine frühe und schnelle Brutentwicklung im Frühjahr herbeiführen soll. Wenn jedoch die Vorräte gefährlich niedrig sind, kann eine Fütterung trotzdem unerlässlich sein. In diesem Fall verwenden Sie Fondant oder Futterteig (Kapitel 11.2.3).

Demeter- bzw. biodynamische Imker füttern Zuckersirup aus Kamillentee, dem ein Zehntel Gewichtsteil Honig und eine Prise Salz zugesetzt werden. Ich habe dies nicht probiert, sehe aber keinen grundsätzlichen Einwand dagegen. Bienen trinken verschiedene natürliche «Tees» in der Umwelt, darunter Guttationswasser, Misthaufenabwässer, salzige Ausblühungen auf der Bodenoberfläche und an anderen Orten, warum also nicht auch Kräutertees? Bienen nehmen den Kräutersirup gern auf.

### 11.2.2 Honigwaben

Honig in der Wabe kann dem Bienenvolk zurückgefüttert werden, indem man die Zelldeckel öffnet oder ankratzt und die Wabe in einen Futterbehälter stellt, der für die Bienen zugänglich ist. Vermeiden Sie es, dass die Bienen im austretenden Honig ertrinken. Benutzen Sie bei Bedarf Stroh oder Zweige, um ein Gerüst zu errichten. Ihre extrahierten Wabenteile können auf diese Weise von den Bienen trocken geputzt werden.

### 11.2.3 Futterteig

Wenn die Wintervorräte aus irgendeinem Grund unterschätzt wurden und die Bienen zu Beginn des Jahres dem Verhungern nahe zu sein scheinen, besteht die Abhilfe darin, Futterteig oder Fondant, einen sehr nahen Verwandten, zu füttern. Fondant, der bei Imkereifachhändlern oder örtlichen Bäckern gekauft wurde, wird auf einer geeigneten Unterlage über ein Loch im Abdecktuch gefüttert. Ich erkläre hier, wie Futterteig hergestellt wird. Sein Vorteil ist, dass er eine reichhaltige Kalorienquelle ist, die die Bienen zum Warmhalten benötigen, und er kann direkt über der Traube platziert werden, ohne dass die Bienen zum Füttern die Traube verlassen müssen.

Einfacher Futterteig wird wie folgt hergestellt: zu einer 1 kg Papiertüte Zucker 120 ml kaltes Wasser hinzufügen. Über Nacht in einer Schüssel stehen lassen. Am nächsten Tag den Beutel verschließen und mit einem Gummiband umwickeln. Ersetzen Sie das Abdecktuch durch ein Tuch mit einem 75-mm-Loch darin, schneiden Sie einen Schlitz in eine breite Seite der Tüte und legen Sie die Tüte mit dem Schlitz nach unten über das Loch. Die Bienen nehmen den feuchten Zucker ab und hinterlassen schließlich eine leere Tüte. Umwickeln Sie die Tüte mit einer Isolierung, z. B. Füllung des Bienenstock-Kissens in einem Stoffbeutel (für einfaches Entfernen bzw. Ersetzen).

Aufwendigerer Futterteig wird hergestellt, indem man Zucker in möglichst wenig Wasser vollständig auflöst und kocht, bis eine Temperatur von 117 °C erreicht ist («weiche Kugel» auf einem Kochthermometer) und unter Rühren abkühlen lässt. Wenn sich Kristalle anfangen zu bilden, wird die Mischung zum Aushärten schnell in Formen gegossen. Der Futterteig wird über ein Loch im Abdecktuch platziert, damit die Bienen ihn abnehmen können. Drum herum befindet sich ein Kissenrahmen, wobei der Rest des Kissens mit der Isolierung des Kissens gefüllt sein kann, vorzugsweise in einem Stoffbeutel.

Für ein großes Stück Futterteig aus 4 kg Zucker gießen Sie den kristallisierenden Sirup direkt in einen etwa 50 mm großen Unterlegrahmen bzw. Zusatzkasten, in dem eine Plastikfolie liegt, die auf einem Backblech ruht. Um es anzubringen, ohne dass Bienen oder Nestwärme entweichen, klappen Sie das Abdecktuch etwa 50 mm oder weniger nach hinten, während Sie über den sich öffnenden Spalt eine dünne Holz-, Kunststoff- oder Metallplatte schieben. Legen Sie das große Stück Futterteig oben auf den Bienenstock und ziehen Sie das Backblech heraus. Ziehen Sie dann die Platte heraus, mit dem Sie neben dem Abdecktuch die Öffnung abgedeckt haben, und geben Sie damit den Zugang für die Bienen zum Futterteig frei. Bringen Sie das Kissen und das Dach wieder an. Da der Rand des Abdecktuchs jetzt rundherum freiliegt und es zu Zugluft oder Regen kommen kann, welche durch den entstandenen dünnen Schlitz eindringen, schützen Sie die Verbindung mit Klebeband.

### 11.2.4 Trockenzucker

Ich habe es nicht für nötig gehalten, Trockenzucker zu füttern. Er wird als Futter im Spätwinter oder zeitigem Frühjahr eingesetzt und müsste in einem Fütterer oder einer Art Behälter in einem Zusatzkasten über den Bienen platziert werden, wobei ihnen der Zugang zum Hochkrabbeln in den Behälter ermöglicht wird, um die Oberfläche des Zuckers zu erreichen. Anders als Futterteig hat er den Vorteil, dass abgesehen vom Anbringen eines Fütterers wenig Vorbereitung notwendig ist, dafür den Nachteil, dass das Futter nicht in direkten Kontakt mit der Bienentraube kommt. Ein leichtes Besprühen des Zuckers mit Wasser hilft, um das Interesse der Bienen zu wecken.

### 11.2.5 Pollen

Ich musste meine Bienen noch nie mit Pollen füttern, da er in meiner Gegend das ganze Jahr über verfügbar ist, z. B. vom Stechginster *(Ulex europaeus)*. Doch selbst in Teilen von Großbritannien ist Pollenmangel gelegentlich ein Problem. Pollen ist im Imkereifachhandel oder bei örtlichen Imkern erhältlich. Vorsicht vor Ersatzprodukten. Machen Sie dünne Pollen-«Pfannkuchen», indem Sie sie mit Honig zu einer sehr dicken Paste mischen. Legen Sie die Kuchen zwischen fettdichte oder gewachste Papierbögen über ein Loch im Abdecktuch, nachdem Sie zuvor einige Schnitte in das untere Papier gemacht haben, um den Bienen Zugang zu ermöglichen. In diesem Fall ist es nicht notwendig einen Zusatzkasten oder Unterlegrahmen um das Futter herum anzubringen, aber besonders wenn der Inhalt des Kissens recht schwer ist, legen Sie den Deckel eines Behälters oder einen Untersatz über den Pollen, um zu verhindern, dass das Kissen auf die zu fütternden Bienen drückt. Das Kissentuch wird etwas nach oben verschoben.

## 11.3 Wann soll gefüttert werden?

Ich füttere nur im Frühling und Sommer, wenn ich während oder kurz vor einer Schlechtwetterperiode ein Bienenvolk einlogieren musste und es noch keine Vorräte im Bienenstock gibt. In manchen Gegenden können Bienen jedoch auch im Sommer verhungern. Daher ist es ratsam, die Vorräte oder das Gewicht

(Kapitel 9.3) zu kontrollieren, wenn Sie feststellen, dass die Nahrungssuche über einen längeren Zeitraum eingeschränkt ist. Meine Hauptzufütterungszeit ist die zweite Septemberhälfte bis Anfang Oktober. Sie muss erfolgen, bevor es für die Bienen zu kalt wird, um das Futter aufzunehmen, einzulagern, reifen zu lassen und die Zellen zu verschließen. Das könnte im Oktober sein, aber manchmal hält die Efeublüte *(Hedera helix)* in warmen Perioden bis in den November hinein an. In sechs schlechten Sommern, seit ich angefangen habe, Bienen in Warré-Beuten zu halten, musste ich im Herbst die Vorräte in den meisten Bienenstöcken auffüllen.

Es ist ratsam, die Herbstfütterung am Bienenstand am Abend durchzuführen, wenn eine geringe Gefahr besteht, Räuberei auszulösen. Ich hielt dies nicht für notwendig, obwohl ich, kurz nachdem ich die Bienenstöcke mit Futter versorgt hatte, eine Menge Aufregung an den Fluglöchern bemerkt habe. Dies ist wahrscheinlich darauf zurückzuführen, dass Bienen vom Fütterer zum Nest zurückkehren und den Rundtanz durchführen, um anzuzeigen, dass in der unmittelbaren Umgebung Nahrung verfügbar ist. Die Stockgenossinnen suchen dann hektisch danach. Aber sie beruhigen sich bald und drängen zum Fütterer. Verschütten sollte natürlich vermieden werden. Gegebenenfalls müsste es abgedeckt werden.

Schneeglöckchen *(Galanthus nivalis)* – Pollenladungen (Foto: Alan Nelson)

# 12 Einwintern

Der Beginn der Einwinterung bei meinen Bienenständen ist durch das Ende der Zufütterung, das Entfernen überschüssiger Zargen und das Anbringen des Mäuseschutzes (Kapitel 2.4) gekennzeichnet. Da bekannt ist, dass Mäuse in meiner Gegend im Oktober in die Bienenstöcke eindringen, bringe ich zu Beginn dieses Monats den Schutz an.

12.1 Mäuseschutz mit Reißnägeln gesichert

Zu diesem Zeitpunkt des Jahres haben Sie den Bienenstock gewogen bzw. die Honigwaben gezählt und genügend oder alle verfügbaren Vorräte Ihren Bienen gelassen. Warré empfiehlt, die Volksbeute mit zwei Zargen voller Waben einzuwintern, wobei die obere fast voll mit Honig gefüllt ist und die untere die herbstliche Schrumpfung des Brutnestes durchmacht. Alle zusätzlichen Zargen werden entfernt. In meiner Gegend ist das Brutnest im Dezember brutfrei oder fast brutfrei, aber abhängig von der Bienenrasse und dem Klima kann es selbst im Winter Brut geben. Möglicherweise sehen Sie sogar die eine oder andere Biene, die im Dezember oder Januar Pollen einträgt. Ein sehr wichtiges Merkmal der unteren Zarge besteht darin, dass sie leere Zellen bietet, in denen die Bienen ihre Traube bilden können, während sie sich nach oben in die Honigvorräte fressen.

Ich selbst und einige andere haben erfolgreich kleine Völker mit einer Zarge (Warré-Ableger) eingewintert. Diese Situation könnte z. B. entstehen, wenn ein später Schwarm einlogiert wurde. Der erste dieser Art, den ich hatte, überwinterte auf nur 4 kg Vorräten und wuchs im folgenden Frühjahr zu einem gut entwickelten Volk heran. Die Situation unterscheidet sich kaum von der Einwinterung eines Ablegers für eine Rähmchenbeute, außer dass in milden, gemäßigten Klimazonen wie meiner die thermischen Eigenschaften der Warré-Beute den Bedarf an zusätzlicher Isolierung oder Schutz reduzieren. Allerdings könnte das Anbringen einer leeren Zarge unter der besetzten Zarge dazu beitragen, die Bienentraube vor Zugluft vom Flugloch zu schützen.

In viel kälteren Klimazonen reichen zwei Zargen möglicherweise nicht aus, da es notwendig sein kann, Honig in der ganzen oberen Zarge und in der gesamten oder einem Teil der unterhalb liegenden Zarge zu haben. In diesem Fall ist man gezwungen, die Bienen auf drei Zargen zu überwintern.

Was machen Sie bei der Reduzierung auf zwei oder drei Zargen mit den überschüssigen Zargen, die Waben enthalten, insbesondere wenn Sie ein Lagerungsproblem haben? Obwohl ich mich in einer klimatisch ziemlich ähnlichen Region wie diejenige von Warré befinde, ignoriere ich seinen Rat und lasse alle dritten Zargen an Ort und Stelle, die ganz oder teilweise mit Waben gefüllt sind. Ich gehe davon aus, dass die Bienen den Raum unter der Traube nicht erwärmen und dass sie durch die zusätzliche Zarge weiter von der Zugluft am Flugloch entfernt sind. Wenn der Bienenstock ohnehin gestört wird, kann diese Zarge, sofern brutfrei, sogar im Warmbau aufgestellt werden, um die Zugluft weiter zu verringern. Denken Sie daran, sie im zeitigen Frühjahr wieder richtig auszurichten!

Die Frage nach einer zusätzlichen Isolierung wird von Zeit zu Zeit gestellt. Ich verstehe, dass das Umwickeln von Bienenstöcken oder die Unterbringung in einem Bienenhaus entscheidend für ihr Überleben in den kälteren Teilen Kanadas ist. Teerpappe, eine strapazierfähige Pappe, die im Baugewerbe verwendet wird, ist ein geeignetes Material zum Umwickeln. Es ist wichtig, die Isolierung nicht zu übertreiben. Sie schirmt nicht nur die Wärme der Wintersonne ab, sondern es besteht auch die Gefahr eines *erhöhten* Verbrauchs an Vorräten. Die minimale Nutzung von Vorräten liegt bei ca. 5 °C. Auf beiden Seiten dieser Temperatur steigt der Honigverbrauch. Zu viel Isolierung führt dazu, dass die Vorräte schneller und nicht langsamer aufgebraucht werden, weil die Bienen aktiver sind. Möglicherweise beginnen sie sogar mit der Brutaufzucht, die den Honig schnell aufbraucht.

Wie in Kapitel 2.2.2 erwähnt, ist es in extrem kalten Klimazonen mit monatelangem Schnee auf dem Boden ratsam, bei der Herstellung der Zargen einen kleinen oberen Eingang oder ein verschließbares Flugloch in der Zargenwand bereitzustellen. Der Eingang darf nur geöffnet werden, wenn ein tatsächlicher Bedarf besteht. Ohne oberen Eingang ist es natürlich wichtig, das Bodenflugloch frei von Schnee und toten Bienen zu halten. Ein Warré-Flugloch ist anfälliger für solche Verstopfungen, da es ein Anflugbrett gibt, auf dem sich der Schnee absetzt, sowie einen kleinen Vorraum, der durch die Kerbe im Boden gebildet wird, in welchen Bienen fallen und sich ansammeln können, insbesondere wenn ein Mäuseschutz den Eingang verengt. Das Anlehnen einer Schieferplatte an die Vorderseite der unteren Zarge verhindert, dass sich Schnee auf dem Anflugbrett ablagert.

Der Bienenstock sollte im Winter nicht gestört werden. Ernsthafte Störungen können die Bienentraube auseinanderreißen, und es kann lange dauern, bis sie sich wieder etabliert. Dadurch werden Vorräte verschwendet, und es besteht die Gefahr, dass Bienen getötet werden, wenn sie sich so weit draußen in der Kälte befinden, dass sie zu träge werden, um wieder in die Traube zurückzukehren. Wenn Sie jedoch an warmen Tagen im Spätwinter, wenn die Außentemperatur über etwa 8 °C steigt, Grund zur Sorge haben, ob die Vorräte ausreichen, um die Kolonie bis zum ersten Nektarfluss zu begleiten (z. B. Weide, *Salix*), können Sie die obere Zarge wiegen oder sogar einen kurzen Blick unter die Rückseite des Abdecktuchs werfen. Als Notfütterung zu dieser Zeit empfehle ich Futterteig/Fondant (Kapitel 11.2.3).

Zu den anderen Zeiten begnügen Sie sich damit, der Bienentraube zu lauschen, indem Sie ein Ohr an den Bienenstock halten oder das Ende eines Stethoskopschlauchs in das Flugloch einführen. Wenn Sie ein unmissverständliches Rascheln, Kratzen, Gemurmel hören, unterbrochen von gelegentlichem leisem Summen, ist alles in Ordnung. Überprüfen Sie bei jedem Besuch, ob der Mäuseschutz noch an Ort und Stelle ist.

Zu den Unglücken, auf die man besonders im Winter achten muss, gehören der Wind, der Bienenstöcke umwirft; Bäume, die auf den Bienenstand fallen (mir passierte es!); Hausvieh, das eindringt und sich an den Bienenstöcken kratzt, sowie Schäden durch Spechte, Ratten, Stinktiere, Dachse, Bären usw.

Ein besonders beruhigender und erfreulicher Anblick im Spätwinter ist der erste einkommende Pollen (Schneeglöckchen, Krokus, Nieswurz/Christrose und bald darauf Hasel).

# Die Frühjahrsdurchsicht und darüber hinaus 13

Natürlich kann es sich, was Warré «die Frühjahrsdurchsicht» nennt, die Zeit, in der Sie den Bienenstock für das Wachstum im Frühjahr vorbereiten, um eine oder mehrere Durchsichten handeln, die Sie im Frühling an Ihrem Bienenstand durchführen. In meiner Umgebung wird der Mäuseschutz Ende März entfernt, wenn die Bienen schon sehr aktiv sind und sie sicherlich mit einer eindringenden Maus fertigwerden würden. Alle toten Völker erkenne ich im Verlauf des Winters an ihrer Stille. Völker, die am Leben sind, aber bis Ende März keinen Pollen eintragen, haben möglicherweise eine fehlgeschlagene Königin. Wenn dies etwa eine Woche lang andauert, während andere Völker auf Nahrungssuche gehen, prüfen Sie, ob Brut und Eier vorhanden sind (Kapitel 7.2). Bedenken Sie jedoch, dass sich ein Bienenvolk im zeitigen Frühjahr mit weniger als einer handtellergroßen Bienentraube, aber einer legenden Königin zu einem erfolgreichen Volk entwickeln kann und manchmal sogar in derselben Saison einen Honigüberschuss produziert. Ich habe es gesehen.

Alle Völker mit fehlgeschlagenen oder nicht legenden Königinnen möchten Sie möglicherweise mit stärkeren Kolonien vereinigen, wodurch die Ausrüstung für eine ertragreichere Nutzung frei wird. Gelegentlich kann es vorkommen, dass sich ein Bienenvolk mit einer gescheiterten oder fehlenden Königin übermäßig defensiv verhält. Stellen Sie es auf die andere Seite des Bienenstands, so weit wie möglich von seinem Standort entfernt. Alte Bienen, die am wahrscheinlichsten zum Stechen neigen, kehren zum Standort zurück, somit können Sie ohne deren Störungen arbeiten. In solchen Fällen ist es aufgrund der geringen Bienenpopulation relativ einfach, die Königin zu finden und zu entnehmen, falls sie vorhanden ist. Scheint das Volk weisellos zu sein, ist dies wahrscheinlich schon seit einiger Zeit der Fall, da einige Arbeiterinnen Eierstöcke entwickelt und mit dem Legen begonnen haben. Dies wird durch mehrere Eier pro Zelle sichtbar, die oft an den Wänden sind. Möglicherweise ist bereits Drohnenbrut der unbefruchteten legenden Arbeiterinnen zu erkennen.

Wenn ja, anstatt durch die Zusammenlegung von Bienenstöcken zu vereinen, was dazu führen könnte, dass die Königin des aufnehmenden Volkes vom legenden Arbeiterinnenvolk getötet wird, stellen Sie den Bienenstock in einer Entfernung von 50–100 m auf und fegen Sie alle Bienen von den Waben auf den Boden. Normale Arbeiterinnen fliegen zurück zum Bienenstand und haben keine andere Wahl, als sich bei lebensfähigen Völkern «einzubetteln». Legende Arbeiterinnen, die noch nie geflogen sind, werden nicht zurückkehren. Falls in geeigneter Entfernung kein Platz zur Verfügung steht, kann der Eingriff auch am Bienenstand durchgeführt werden, vorausgesetzt, die fehlerhafte Kolonie ist zu dieser Jahreszeit klein.

Verschließen Sie den verlassenen Bienenstock und lagern Sie ihn bis zur Wiederverwendung an einem anderen Ort als dem ursprünglichen. Die Waben können zur Wachsgewinnung verwendet werden oder, wenn sie frei von Krankheiten sind, als Köder für Schwarmlockbeuten oder zur Neubesiedelung eines Warré-Bienenstocks. In letzteren Fällen schneiden Sie zuerst eventuelle Drohnenbrutwaben aus und vernichten diese. Sie können mit jeder Wabe, die im Winter tote Bienen hinterlassen hat, ähnlich vorgehen, indem Sie sie zunächst so weit wie möglich von allen verbliebenen toten Bienenhaufen befreien. Es ist zu bedenken, dass bei herkömmlichen Imkereipraktiken, bei denen Waben von einem Volk auf ein anderes übertragen werden, das Risiko einer gleichzeitigen Übertragung von Krankheitserregern sehr hoch ist. Daher ist es ratsam, mit Vorsicht vorzugehen. Wenn Sie irgendwelche Zweifel haben, so wählen Sie den hygienischeren Weg, die Wabe zur Wachsgewinnung zu verwenden. Stattdessen können Beuten mit Pheromonen als Köder versehen werden, und Bienenvölker können entweder in einer neuen Zarge oder in einer Zarge, deren Inneres gründlich abgeflammt wurde, angesiedelt werden (Kapitel 15.1). Bei meinen Zargen mit Sichtfenster ist das Glas beim Abflammen noch nicht gesprungen. Es ist jedoch ratsam, die Flamme entweder nicht direkt auf das Glas zu richten oder das Glas vorher zu entfernen.

Übrigens versuche ich nicht, meine hoffnungslos weisellosen Bienenstöcke mit einer Brutwabe neu einzuweiseln. Erstens ist dies störend und schwächt die Spenderkolonie, und zweitens ist die Wiederbesiedlung eines Bienenstocks mit einem Schwarm viel einfacher. Ein Schwarm erhält eine Zarge oder mehr Brutwaben und einige Vorräte für den laufenden Start, was in meiner Gegend sogar bis Anfang August möglich ist.

Ich setze neue Zargen unter (Kapitel 8) und mache die Bodenreinigung im Frühjahr in der ersten Aprilhälfte in einem warmen, sonnigen Zeitabschnitt. Die durchschnittliche Mittagstemperatur erreicht dann 12 °C. Obwohl Warré sagt, dass es zulässig ist, alle Zargen der Saison auf einmal hinzuzufügen, gebe ich jedem Bienenstock nur eine. Ich scheine nie genug Zargen zu haben, deshalb halte ich mir die Möglichkeiten offen, wenn es um Zargen geht, die nicht sofort benötigt werden. Bei kräftig aussehenden Völkern möchten Sie jedoch möglicherweise sofort zwei Zargen hinzufügen, um zu vermeiden, dass ein weiterer Eingriff zu schnell erfolgt. Halten Sie auf jeden Fall etwas Platz unterhalb des Wabenrands ein, damit Platzmangel zumindest hier nicht den Schwarmtrieb auslöst.

Da die Haupttrachten noch nicht begonnen haben und Sie das Bienenvolk ohnehin stören, können Sie genauso gut zur selben Zeit die Vorräte überprüfen, auch wenn Sie dies möglicherweise schon früher im Jahr getan haben. Schauen Sie entweder unter das Abdecktuch oder wiegen Sie die obere Zarge. Während des Frühjahrsaufbaus steigt der Honig- und Nektarverbrauch stark an. Manche sagen, dass sich in einem Bienenstock ständig 2,5 kg Honig befinden sollten. Bei einer Warré-Beute könnte dies auf 1–2 kg reduziert werden.

13.1 Getarnte Schwarmlockbeute (Foto: Joe Waggle)

Überprüfen Sie den Inhalt des Kissens und das Abdecktuch auf Feuchtigkeit und erneuern Sie es bei Bedarf. Warré schlägt vor, diese Materialien gewohnheitsmäßig zu erneuern. Ich mache das selten. Der Inhalt meines Kissens besteht aus Holzspänen, und sie scheinen jahrelang perfekt frisch zu riechen. Weiterhin ist das Abdecktuch mit Propolis überzogen, dem natürlichen antiseptischen Schutzmittel der Bienen. Für mich scheint das gegen die Absichten der Bienen zu sein, das Tuch abzuziehen und ein neues anzubringen. Wenn jedoch Feuchtigkeit eingedrungen ist, zum Beispiel wenn ein Fütterer oder Zusatzkasten auf der oberen Zarge platziert wurde, ist es natürlich ratsam, das Abdecktuch des Kissens auszutauschen, da es zweifellos schimmelig geworden ist.

Jetzt ist es an der Zeit sicherzustellen, dass alle benötigten Schwarmlockbeuten aufgestellt und bereit sind (Kapitel 5.3). Die Überwachung für den Rest der Saison erfolgt weitgehend wie in Kapitel 7 beschrieben, mit der Ausnahme, dass Sie in Ihrer zweiten Saison und darüber hinaus sehr wahrscheinlich den zusätzlichen Spaß haben werden, sich mit dem Schwärmen auseinanderzusetzen.

## 13.1 Beschleunigter Wabenwechsel

Wenn Sie das Gefühl haben, dass ein Wabenwechsel in der obersten Zarge überfällig ist, z. B. weil sich in früheren Saisons zu wenig Honig im Bienenstock befand, um die oberste Zarge zu ernten, gibt es eine Möglichkeit, die Angelegenheit zu erzwingen, vorausgesetzt, Sie halten den Eingriff aus hygienischen Gründen für gerechtfertigt. Dies ist kein Verfahren, das ich selbst durchführe, da ich es vorziehe, der natürlichen Entwicklung oder dem Fehlschlagen des Bienenvolkes ihren Lauf zu lassen. In letzterem Fall kann ich die Waben entfernen und das Wachs gewinnen.

Der Wabenwechsel sollte im Frühling durchgeführt werden, wenn ein gutes Angebot an Nektar zur Verfügung steht. Zu dieser Zeit haben die Bienen die besten Bedingungen, um mit dem Eingriff fertigzuwerden. Vor dem Entfernen der obersten Zarge muss alle Brut geschlüpft sein. Um dies zu erreichen, wird die Königin nach unten in die nächste Zarge, die Brut enthält, getrieben und ein Absperrgitter unter die zu entfernende Zarge gelegt.

Legen Sie zuerst die Zarge frei (Kapitel 8.1) und treiben Sie mit Rauch die Bienen nach unten. Das Eindringen von Licht und Rauch sollte die Königin nach unten treiben. Entfernen Sie die Zarge und legen Sie das Absperrgitter auf die Beute. Setzen Sie die Zarge wieder auf und schließen Sie den Bienenstock. Falls Sie irgendwelche Zweifel haben, dass das Heruntertreiben der Bienen mit Rauch nicht erfolgreich war, dann überprüfen Sie drei Tage später eine oder zwei zentrale Waben in der obersten Zarge auf Eier (Kapitel 7.2.2). Wenn Sie die Königin auf einer der beiden Waben sehen, dann fangen Sie sie mit einem Königinnen-Clip, entfernen das Absperrgitter und geben sie nach unten. Wenn Sie Eier sehen, dann ist die Königin noch in der obersten Zarge. Entfernen Sie das Absperrgitter und wiederholen Sie den Vorgang, die Bienen mit Rauch nach unten zu treiben. Bringen Sie das Absperrgitter wieder an und belassen Sie die oberste Zarge für mindestens 26 Tage darauf. Möglicherweise müssen Sie nun die oberste Zarge anheben, damit dann die Drohnen entkommen können. Das wird am besten an warmen sonnigen Tagen gemacht. Die Brut wird ausschlüpfen, und die leeren Zellen können mit Honig rückgefüllt werden oder auch nicht.

Sie können die oberste Zarge belassen, damit sie wie ein Honigraum mit Honig gefüllt wird, oder zum Ernten entnehmen und wiederverwenden. Wenn Sie befürchten, dass die Bienen nicht ohne den Honig aus der entnommenen Zarge auskommen könnten, dann könnte er ihnen von unterhalb des Brutnestes zurückgefüttert werden. In diesem Fall entdeckeln Sie zuerst den Honig oder zerkratzen Sie die Verdeckelungen. Wenn der Honig am Boden des Brutnestes freiliegt, wo ein größeres Risiko besteht, Räuber anzulocken, überlegen Sie, ob es notwendig ist, das Flugloch einzuengen. Eine zusätzliche Vorsichtsmaßnahme wäre, diese Zarge am Abend einzusetzen, wenn der Flugbetrieb nachlässt.

# Völkervermehrung 14

Warré beschreibt die Vermehrung durch natürliches und künstliches Schwärmen (Teilungen). Der natürlichste Weg ist offensichtlich der über Schwärme. In Warrés Darstellungen von künstlichem Schwärmen empfiehlt er den Einsatz einer begatteten Königin. So könnten Teilungen durchgeführt werden, bevor sich besetzte Weiselzellen auf natürliche Weise entwickelt haben, und dies würde auch verhindern, dass man sich bei der Aufzucht einer neuen Königin auf die Bienen in der weisellosen Hälfte einer Teilung verlassen muss, die Nachschaffungszellen bauen. Das Einsetzen einer neuen Königin ist jedoch nicht ohne Probleme, und die erhöhten Kosten für den Kauf einer Königin könnten für etwa einen Monat abzüglich der Verzögerung bei der Eiablage bei dem entstandenen Ableger als nicht lohnenswert erachtet werden. Ich befasse mich hier mit der Vermehrung durch natürliches Schwärmen und durch Teilungen mit normalen (Vorschwarm) vorhandenen Weiselzellen.

Das Vermehren der Völker über Teilungen bietet die Gelegenheit zum Züchten und Auslesen. Die natürliche Auslese nimmt Ihnen einen Teil der Arbeit ab, da Völker auf natürliche Weise scheitern. Bevor Varroa sich bei der Westlichen Honigbiene *Apis mellifera* ausbreitete, lagen die Verluste beispielsweise bei weniger als einem Zehntel der Völker, meist im Winter, der schwierigsten Jahreszeit für Bienen. Doch mit der Ankunft der Varroa nahmen die jährlichen Verluste stark zu, und mit ihnen nahm auch die natürliche Selektion an Schwere zu. Nur die stärksten Völker überlebten die Verwüstungen der Varroa. Bis zu einem gewissen Grad untergraben Imkerinnen und Imker die natürliche Selektion, indem sie Völker füttern, die sonst nicht in der Lage wären, sich selbst zu versorgen, sei es aufgrund von Schädlingen oder Krankheiten oder aufgrund einer inneren Schwäche, beispielsweise mangelnder Sparsamkeit bei spärlichem Trachtangebot. Doch trotz künstlicher Fütterung kommt es zu Verlusten, sodass die natürliche Selektion bis zu einem gewissen Grad weitergeht.

Wenn Sie die weniger natürliche Variante der Vermehrung durch Teilung wählen, beispielsweise im Rahmen der Schwarmkontrolle, ist es sinnvoll, die wachstumsstärksten Völker zu verwenden. Das verbindet Zucht und Auslese. Ich selektiere nicht auf individuelle Merkmale, aber eines sollten Sie jedoch vermeiden, insbesondere in einer städtischen Umgebung, und dies ist übermäßiges Abwehrverhalten. Dies hat aber seinen Preis. Das Abwehrverhalten korreliert mit der Widerstandsfähigkeit, sodass die Selektion gegen das Abwehrverhalten in gewissem Maße die *vorteilhafte* natürliche Selektion vereitelt.

Es ist auch wichtig, die Möglichkeit der Inzucht im Hinterkopf zu behalten. Obwohl Königinnen normalerweise an Drohnensammelplätzen begattet werden, wo es häufig zu genetischen Vermischungen kommt, sollten Sie, wenn Sie sich an einem abgelegenen Ort in einer Region mit wenig Honigbienen befinden, möglicherweise in Betracht ziehen, «neues Blut» einzubringen. Dies muss nicht von sehr weit her kommen und könnte auch nur ein gelegentlicher Schwarm sein.

## 14.1 Natürliches Schwärmen

Der berühmte Bruder Adam (1898–1996) wird normalerweise nicht mit naturnaher Bienenhaltung in Verbindung gebracht, aber ich würde mich dennoch dem Zitat aus seinem Buch anschließen: «Es besteht kein Zweifel daran, dass der Schwarmimpuls die am besten ernährten und am besten entwickelten Königinnen hervorbringt, denn wenn sich ein Volk auf das Schwärmen vorbereitet, hat es ein Optimum in seiner organischen Entwicklung wie auch eine Fülle in jede Richtung erreicht. Das Schwärmen ist in der Tat der natürliche Ausdruck eines Volkes, das den Gipfel seines Wohlstands erreicht hat. Unter solchen Umständen herrschen ideale Bedingungen für die Aufzucht der körperlich besten Königinnen.»[43]

In meinem Buch *The Bee-friendly Beekeeper* erörtere ich einige der wissenschaftlichen Beweise, die dafürsprechen, Bienenvölker durch natürliches Schwärmen vermehren zu lassen. In aller Kürze: Der Schwarm lässt den Großteil der Krankheitserreger zurück und unterliegt normalerweise hinsichtlich seiner Geschwindigkeit und Effizienz bei der Suche nach Unterschlupf der natürlichen Selektion und ist vollgetankt und bereit, ein neues Nest zu bauen. Auf der anderen Seite muss die Imkerin die Vorgänge am Bienenstand sehr genau im Auge behalten, der Standort des Bienenstands ist möglicherweise viel zu städtisch, um einen Schwarmabgang zuzulassen, und im Fall eines Vorschwarms ist die Königin schon eine Saison oder mehr alt. Ich erhöhe die Anzahl meiner Völker oder ersetze Ausfälle durch natürliche Schwärme. Ich beschäftige mich mit dem Fangen von Schwärmen in Kapitel 5.1. Halten Sie stets Ihre Schwarmausrüstung und einen Ersatz-Bienenstock bereit!

Ich habe das Glück, auf dem Land zu leben und die Zeit zu haben, meinen Bienenstand während der Schwarmzeit (Mai bis Juli) täglich zu besuchen, manchmal sogar mehrmals am Tag. Um Schwarmverluste zu reduzieren oder einfach nur um mich darauf aufmerksam zu machen, dass ein Schwarmabgang unmittelbar bevorsteht oder bereits aufgetreten ist, benutze ich Schwarmlockbeuten. Ein halbes Dutzend Kundschafterbienen, die an einer Schwarmlockbeute gesehen werden, sind ein sicheres Zeichen dafür, dem Bienenstand in der Nähe größere Aufmerksamkeit zu schenken. Vielleicht hängt ein Schwarm bereits in einem Baum. Einige Dutzend oder manchmal Hunderte Besuche an einer Schwarmlockbeute bedeuten gewöhnlich, dass sie von einem sich in Bewegung setzenden Schwarm ausgewählt wurde. Zum Einlogieren und Übertragen von Schwärmen siehe Kapitel 6.1.

14.1 Kundschafterbienen an einer Schwarmlockbeute auf einem Hausdach

Es wird manchmal gesagt, dass es unverantwortlich ist, Schwärmen zu erlauben, auf natürliche Weise auszuziehen, da die Gefahr besteht, dass sie sich in Gebäuden niederlassen, was zu einer lästigen und möglicherweise kostspieligen Entfernungsarbeit führt. Dieses Argument ist nur durch die erhöhte Schwarmunterdrückung aufgrund der erleichterten Kontrolle und die anschließende Manipulation aufgrund der Rähmchen möglich geworden. Diese Unterdrückung ist jedenfalls eine relativ junge Entwicklung in den Jahrtausenden der Bienenhaltung. Früher waren Bienenschwärme als Naturphänomene akzeptiert und toleriert. Doch trotz der Rähmchen entwischen Schwärme. Tatsächlich liegen drei Brennpunkte, zu denen ich gerufen wurde, um Bienenvölker aus Gebäuden zu entfernen, nur wenige Hundert Meter von großen Bienenständen entfernt, die von erfahrenen Imkern, die Rähmchenbeuten verwenden, betrieben werden. Fleißige naturnahe Imkerinnen und Imker glauben nicht, dass ihre Völker nicht ausschwärmen, wie das bei einigen Rähmchen-Imkern der Fall ist, die ich getroffen habe, denn sie werden Schwärme nicht nur willkommen heißen, sondern auch versuchen, ihre Auswirkungen auf andere zu minimieren. Zu den Möglichkeiten, dies zu erreichen, gehören strategisch aufgestellte Schwarmlockbeuten, Aufmerksamkeit für Ereignisse im Bienenstand und das Fragen der Leute im Umkreis, Ihnen einen gesichteten Schwarm mitzuteilen. Dann haben Sie die Gelegenheit, ihn einzufangen, bevor er sich in Hohlräumen festsetzt.

Schwärme dienen nicht nur zur Erhöhung der Völkerzahl oder um Winterverluste zu ersetzen, sondern auch, selbst wenn es nur Nachschwärme sind (Sekundärschwärme), als Versicherung gegen den Ausfall der Königin in der Spätsaison. Ein Nachschwarm könnte in einer einzelnen Warré-Zarge untergebracht werden, wodurch ein Warré-Ableger entsteht. Wenn Ihnen die Ausrüstung fehlt, könnten ein improvisiertes und zeitlich begrenztes Kissen, Dach und Boden verwendet werden. Ein später Nachschwarm könnte mit Honig gefüttert werden, wenn das Futter knapp ist, und auf einer Seite als Reserve gehalten werden. Wenn es zum Ende der Saison so aussieht, als ob Sie ihn nicht brauchen werden, könnte er für eine andere Imkerin in Ihrer Nähe von Nutzen sein. Wenn Sie einen Zeitpunkt erreichen, an dem Sie glauben, dass Sie weitere auftretende Schwärme abgeben möchten, benachrichtigen Sie andere Imker, damit diese möglicherweise Bienenstöcke bereithalten.

14.2 Ungewohnter Schwarm: Nach dem Auszug fand er sich schließlich als Bienentraube auf dem Boden um einen kleinen Stock zusammen. Er wurde einlogiert, indem über dem Schwarm ein auf zwei Stöcken gestützter Bienenstock platziert und der Boden entfernt wurde.

## 14.2 Einfache Teilung

Wenn Sie sich aus irgendeinem Grund verpflichtet fühlen, das Schwärmen eines Warré-Volkes zu verhindern und Ihren Bienenvölkern damit den Vorteil der natürlichen Fortpflanzung zu verwehren, haben Sie die Möglichkeit, eine Teilung vorzunehmen und, wenn eine längerfristige Erhöhung der Völkerzahl nicht gewünscht ist, die beiden Hälften später wieder zu vereinen. Dies geschieht am besten zu Beginn oder kurz vor der Schwarmzeit in Ihrer Umgebung, wenn das Volk bereits so stark ist, um schwarmbereit zu sein. Es könnte tatsächlich bereits über besetzte Weiselzellen verfügen. Ein äußeres Zeichen der Schwarmstimmung ist Bartbildung am Flugloch. Wenn es darum geht, Wabe für Wabe nach der Königin zu suchen, können Sie die Volksbeute mit Oberträgern und drei oder mehr Zargen mit Brut im Stadium der Schwarmbereitschaft als gewaltige Herausforderung betrachten. Wenn Sie sich stattdessen für eine Rähmchen- oder Halbrähmchenfassung des Bienenstocks entschieden haben, wäre die Aufgabe einfacher. Sie könnten jede der verschiedenen künstlichen Schwarmmethoden nutzen, die in der Rähmchenbeuten-Literatur beschrieben werden. Eine davon ist unten dargestellt (Kapitel 14.3) und nur geringfügig an den Einsatz von Waben an Oberträgern angepasst. Völker, die aus Teilungen gebildet wurden, sind nicht unfehlbar, genauso wie jene, die aus natürlichen Schwärmen entstanden sind.

Aber ganz gleich, ob Ihr Bienenstock Rähmchen oder Oberträger besitzt, können Sie eine Teilung durchführen, ohne die Königin zu finden. Sie benötigen einen leeren, vollständigen Bienenstock mit vorbereiteten Oberträgern. Das Muttervolk sollte stark genug sein und nicht weniger als aus drei Zargen bestehen. Platzieren Sie neben dem Muttervolk ein Bodenbrett und darauf eine Zarge mit Oberträgern. Öffnen Sie die Beute des Muttervolkes, entfernen Sie das Abdecktuch und geben Sie Rauch zwischen die Oberträger. Der Rauch und das einströmende Licht treiben die Königin nach unten in die unteren Zargen. Nehmen Sie die obere Zarge ab (Kapitel 8.1) und kontrollieren Sie die Unterseite. Wenn besetzte Weiselzellen sichtbar sind, dann haben Sie ein Volk, dass sich bereits auf natürlichem Weg neue Königinnen heranzieht. Sie müssen zumindest sicherstellen, dass der obere Teil des Brutnestes in dieser Zarge sichtbar ist. Wenn die Zarge völlig frei von Brut ist, müssen Sie die Teilung entweder sein lassen, oder, wenn es ein Bienenstock mit vier Zargen ist, der geteilt werden soll, versuchen Sie, die Teilung zwischen den Zargen 2 und 3 zu machen. Platzieren Sie die Zarge auf der vorbereiteten leeren Zarge in der gleichen Ausrichtung in Bezug auf das Flugloch wie beim Muttervolk. Bringen Sie die Abdecktücher und Kissen an beiden Bienenstöcken an. Stellen Sie das Muttervolk mit der Königin an einem entfernten Punkt im Bienenstand auf oder, später am Tag, an einem anderen Bienenstand. Bringen Sie den neuen Bienenstock mit Brut, aber ohne Königin, zur vorherigen Stelle des Bienenstocks des Muttervolkes. Dieser wird jetzt die Flugbienen (Sammelbienen) aufnehmen und das neue Volk verstärken, das anschließend eine neue Königin großziehen sollte. Sie sollte in etwa vier Wochen Eier legen. Wenn nach dem Aufstellen des neuen Bienenstocks an der Stelle des Muttervolkes nicht genügend Platz vorhanden ist, um das Muttervolk an einen anderen Ort zu bringen, errichten Sie eine Art Barriere (Äste, Windschutzstoff usw.) zwischen den beiden Bienenstöcken, um eine deutliche Trennung der Flugwege zurückkehrender Bienen zu ermöglichen und somit ihr Zurückfliegen in das Muttervolk zu reduzieren.

## 14.3 Kunstschwarm

Da das künstliche Schwärmen in einigen Staaten bzw. Ländern als Mittel zur Seuchenbekämpfung manchmal unerlässlich ist, z. B. wenn das Volk wegen der Europäischen Faulbrut eingeht, wäre es nachlässig, das künstliche Schwärmen in einem Buch wie diesem wegzulassen, selbst wenn der Leser bzw. die Leserin nie die Absicht hat, Völker auf diesem Weg zu teilen, um sie zu vermehren. Nur zur Seuchenbekämpfung wird ein Kunstschwarm normalerweise durch Abschütteln der Bienen von den Waben gebildet. Die Waben werden dann vernichtet. Es ist aber nicht möglich, mit einem Volk aus einer Warré-Beute einen «abgeschüttelten Schwarm» zu bilden, da das Abschütteln die Waben von den Oberträgern ablösen würde. Daher bestehen die verbleibenden Möglichkeiten, um die gleichen Ziele zu erreichen, aus dem Einsatz von Rauch oder dem Abfegen der Bienen. Zwar gibt es die Möglichkeit, die Bienen zu treiben (Kapitel 6.3.2.1), aber das scheint aus der Mode gekommen zu sein.

Das Ziel besteht darin, das gesamte oder den größten Teil eines Bienenvolkes auf drei Zargen, einschließlich der Königin, in einen neuen Bienenstock zu übertragen und den Ammenbienen zu ermöglichen, den Mutterstock durch ein Absperrgitter wieder zu bevölkern und damit die Brut abzudecken. Das Übertragen könnte durchgeführt werden, ohne die Königin zu finden und durch den Einsatz von Rauch oder durch Abfegen oder manchmal sogar durch eine Kombination aus beidem. Für den Einsatz von Rauch benötigen Sie eine leere, vollständige Beute mit vorbereiteten Oberträgern und ein Absperrgitter. Für das Abfegen benötigen Sie das Gleiche und zusätzlich eine Zarge ohne Oberträger, einen Boden (wie auch immer improvisiert) und eine Abdeckung, welche einfach ein Abdecktuch sein könnte. Die Völkervermehrung auf diese Art vorzunehmen, sollte nicht auf die leichte Schulter genommen werden, da es eine Zeit gibt, in der die Brut frei oder fast frei von einer Bienendecke ist und sich daher anfälliger für eine Auskühlung zeigt. Wählen Sie darum einen wirklich warmen und sonnigen Tag. Es wird Ihnen sicherlich helfen, wenn die Sammelbienen unterwegs im Felde sind.

### 14.3.1 Verfahren mit Raucheinsatz

Setzen Sie eine vierte Zarge mit Oberträgern unter die besetzten Zargen und, falls notwendig, reinigen oder tauschen Sie zur selben Zeit den Boden aus. Mittlerweile sind Sie mit dem Entfernen von Zargen von einem besetzten Bienenstock vertraut (Kapitel 8.1). Entfernen Sie Dach, Kissen und Abdecktuch beim Muttervolk. Treiben Sie die Bienen durch kräftige Rauchgabe in die zweite Zarge. Entfernen Sie die obere Zarge und stellen Sie sie beiseite auf ein Gestell mit einer provisorischen Abdeckung. Gehen Sie nacheinander mit der zweiten und dritten Zarge genauso vor und stellen Sie sie jedes Mal beiseite mit einer Abdeckung. Wenn die Bienen gut auf den Rauch reagiert haben, sollten sich der Kunstschwarm und die Königin inzwischen in der neuen (vierten) Zarge befinden. Setzen Sie eine fünfte Zarge mit Oberträgern unter. Geben Sie Rauch oder fegen Sie alle Bienen von den Oberträgern bzw. Rändern der vierten Zarge ab, und setzen Sie ein Absperrgitter darauf. Setzen Sie die Zargen 3, 2 und 1 in der gleichen Ordnung und Ausrichtung in Bezug auf das Flugloch zurück wie vorher. Fahren Sie fort bei Kapitel 14.3.3.

### 14.3.2 Verfahren mit Abfegen

Wenn die meisten Bienen und die Königin durch den Rauch nicht nach unten getrieben wurden, wie es manchmal passiert, müssen Sie möglicherweise auf die mühsamere und drastischere Methode des Ziehens der einzelnen Waben (Kapitel 7.2.2) zurückgreifen und die Bienen abfegen. In diesem Fall wäre ein Helfer immer unentbehrlich: eine Person entnimmt die Waben und die andere Person fegt die Bienen ab. Eine vollständige Trennung von Bienen und Waben ist ohnehin unerlässlich, wenn der Kunstschwarm zur Bekämpfung von Krankheiten und nicht zur Vermehrung gebildet wird.

Da bei dieser Art der Vermehrung die Brut länger unbedeckt bleibt, ist es umso wichtiger, dies an warmen, windstillen Tagen zu tun. Weiterhin legt die im Vergleich zum Rauchverfahren längere Expositionsdauer nahe, dass es ratsam ist, die Manipulation auf ein Volk mit einer oder zwei Zargen zu beschränken.

Halten Sie eine leere Zarge ohne Oberträger auf einem Ersatzboden bereit sowie eine temporäre Abdeckung, z. B. ein Abdecktuch. Stellen Sie den Mutterstock auf ein Gestell beiseite ab und platzieren Sie an seiner Stelle zwei Zargen mit Oberträgern, falls notwendig, dann säubern Sie zuerst den Boden oder tauschen ihn aus. Setzen Sie einen Trichter auf oder eine dritte Zarge, die als Trichter fungiert. Entnehmen Sie die Waben von der obersten Zarge des Muttervolks und fegen Sie die Bienen in den Trichter bzw. die Zarge. Vermeiden Sie jedwede Beschädigungen der vorhandenen Weiselzellen. Setzen Sie die bienenfreien Waben in die Ersatz-Zarge und halten Sie sie abgedeckt, um das Auskühlen der Brut zu minimieren. Behalten Sie bei dem Vorgang die ursprüngliche Ordnung und Ausrichtung der Waben in Bezug auf das Flugloch bei. Dabei hilft das Vormarkieren der Oberträger der Zarge, von welcher die Waben entnommen werden, mit einer diagonalen Linie mit einem Filzstift oder dem Stockmeißel. Die wabenfreie Zarge nimmt die Waben auf, die aus der darunterliegenden Zarge entnommen wurden. Wenn alle Waben abgefegt sind, entfernen Sie die Zarge bzw. den Trichter, geben Sie Rauch oder fegen alle Bienen von den Oberträgern bzw. Rändern der vierten Zarge ab und setzen Sie ein Absperrgitter auf. Setzen Sie auf das Absperrgitter die Zargen mit Waben des Muttervolks in der ursprünglichen Ordnung auf sowie mit der gleichen Ausrichtung in Bezug auf das Flugloch wie zuvor.

### 14.3.3 Abschluss beider Verfahren

Schließen Sie die Beute und lassen Sie den Ammenbienen mindestens zwei Stunden Zeit, um aufwärts zur Brut zu gelangen. Stellen Sie das Muttervolk, jetzt wieder mit seinen bienenbesetzten Waben, auf einen Boden und ein Gestell an einen entfernten Platz im Bienenstand oder bringen Sie es, zu einem späteren Tageszeitpunkt, zu einem anderen Bienenstand. Die neue Beute wird jetzt die zurückkommenden Flugbienen bzw. Sammelbienen aufnehmen, die den Kunstschwarm verstärken werden. Wenn es nicht genügend Platz gibt, um das Muttervolk woanders hinzustellen, errichten Sie eine Art Barriere zwischen den beiden Bienenstöcken, um eine deutliche Trennung der Flugwege der zurückkehrenden Bienen zu ermöglichen und ihren Verflug zurück zum Muttervolk zu verringern. Da dieses Verfahren für die Bienen äußerst störend ist, ist die Gefahr einer Flucht des Schwarms umso größer. Möglicherweise möchten Sie das Risiko vermeiden, indem Sie einen Königinnen-Einschluss unterhalb der Kolonie anbringen, wenn die Manipulation abgeschlossen ist (Kapitel 6.1.3).

Der entstandene Kunstschwarm wird sich nicht, anders als ein Naturschwarm, notwendigerweise durch die Aufnahme einer reichlichen Menge Honig vorbereitet haben. Es wäre daher ratsam, ihn großzügig zu füttern, besonders wenn die Nahrungsbedingungen nicht die besten sind.

# Schädlinge und Krankheiten 15

Ich habe den Eindruck, dass im Hinblick auf die Bienenbiologie und das Bienenverhalten ein größerer Teil der modernen apiologischen Literatur den Bienenschädlingen und Bienenkrankheiten gewidmet ist. Wenn das stimmt, liegt das zweifellos daran, dass die wirtschaftlichen Auswirkungen dieser Krankheiten auf die Imkerei den Fluss von Forschungsgeldern beeinflussen. Eine naturnahere Bienenhaltung *verringert* zwar das Risiko von Krankheiten, *verhindert* es aber nicht ganz. Tatsächlich zeigt ein Blick in die leichter zugängliche Literatur aus der Blütezeit der Korbimkerei, als die Bedingungen, unter denen Bienen gehalten wurden, wohl etwas natürlicher waren, als es heutzutage weitgehend der Fall ist, dass die häufigen Bienenkrankheiten damals bekannt waren, auch wenn man im Vergleich zu heute weniger darüber wusste. Zu diesen Krankheiten können wir jetzt die Varroamilbe hinzurechnen. Varroa gilt aufgrund ihrer Neigung, auch Viren zu verbreiten, mittlerweile allgemein als der Organismus mit den schlimmsten wirtschaftlichen Auswirkungen auf Bienen. Daher müssen wir darüber nachdenken, was wir tun können, um die Auswirkungen von Schädlingen und Krankheiten auf unsere Bienen zu minimieren, die über die Maßnahmen hinausgehen, die bereits in die oben beschriebenen Imkereimethoden integriert sind. Damit eine Krankheit entstehen kann, sind zwei Bedingungen notwendig: Es müssen sowohl eine Anfälligkeit als auch ein Krankheitserreger vorhanden sein. Aber keines allein reicht aus. Die Art und Weise, wie wir unsere Bienen halten, kann uns dabei helfen zu vermeiden, dass diese beiden Bedingungen zusammentreffen.

## 15.1 Hygiene

Es ist seit Langem bekannt, dass Imkereipraktiken wie z. B. zu viele Bienenstöcke an einem Ort oder das Übertragen von Ausrüstung, Waben (mit oder ohne Brut), Honig und Bienen usw. von einem Volk zum anderen das Krankheitsrisiko erhöhen, da sie die in der Bienenpopulation vorhandenen Hygieneprozesse untergraben. Dazu können wir noch unterkühlte Brut und Fehlernährung hinzurechnen. Wir können versuchen, solche beitragenden Faktoren zu verringern. Wir könnten z. B. sicherstellen, dass die ganze Vermehrung unserer Völker nur in neuen Bienenstöcken gemacht wird. Dies ist jedoch extrem hygienisch und ein Kompromiss kann notwendig sein, und sei es nur, um den verfügbaren finanziellen Mitteln gerecht zu werden.

Denken Sie daran, durch welche Manipulationen Krankheitserreger zwischen den Bienenvölkern übertragen werden könnten. Ihr Stockmeißel und Ihre Handschuhe, falls wasserfest, können in einer Lösung aus Waschsoda (Natriumcarbonat) gereinigt werden. Mit ein bisschen Reiben wird Propolis entfernt. Ein wirkungsvollerer Weg der Sterilisation des Meißels ist, ihn in eine heiße Flamme zu geben: Öffnen Sie den Smoker, betätigen Sie den Blasebalg, bis eine Flamme entsteht, und halten Sie den Meißel für einige Minuten hinein. Wenn Sie mehrere Bienenstände haben, könnten Sie in jedem einen separaten Stockmeißel aufbewahren, z. B. oben im Bienenstock-Kissen.

Böden und Zargen müssen vor dem erneuten Einsatz routinemäßig mit einem Propanbrenner abgeflammt werden. Oberträger sollten in der Weise, wie es Warré beschreibt, wiederverwendet werden, d. h., lassen Sie die Startstreifen aus Wachs von 5 mm nur angebracht, wenn der Stock, aus dem sie kamen, frei von klinischen Krankheitsanzeichen war. Falls Sie irgendwelche Zweifel haben, müssen die Oberträger in einem Ofen bei 140 °C für 90 Minuten keimfrei gemacht werden und, wenn sie abgekühlt sind, wieder gewachst werden. Aber wenn Sie *klinische* Symptome der Amerikanischen Faulbrut in einem Bienenstock hatten, dann überprüfen Sie, welche örtlichen Vorschriften für die Sterilisation der Ausrüstung gelten. In Großbritannien z. B. würden die Bienenstockzargen abgeflammt und Rähmchen (und Waben) verbrannt werden. Dasselbe würde daher auch für die Oberträger eines infizierten Warré-Stocks gelten.

In dem extremen Fall, dass ein Bienenvolk getötet werden muss, z. B. auf Anweisung eines Faulbrut-Sachverständigen Ihres Bezirks oder weil es so krank ist, dass eine Rettung unmöglich erscheint und das Risiko vorhanden ist, dass überlebende Bienen die Krankheit überall verbreiten, gibt es drei Möglichkeiten. In dem Fall einer Anweisung, dass ein Bienenvolk zu töten ist, was oft unter Aufsicht gemacht wird, ist dem Rat des Sachverständigen Folge zu leisten. Ansonsten gibt es normalerweise drei ziemlich zweckmäßige Möglichkeiten: Schwefel, Benzin oder eine starke Spülmittellösung, z. B. teilweise verdünntes Geschirrspülmittel.

Um die Bienen durch eine Methode zu töten, die potenziell keine giftigen Rückstände im Bienenstock hinterlässt, verschließen Sie das Flugloch, öffnen Sie die Beute von oben, entfernen das Abdecktuch und stellen eine zusätzliche Zarge ohne Oberträger oben auf. Legen Sie brennenden Schwefel in einen Metallbehälter in die Zarge und verschließen Sie den Bienenstock. Schwefel ist im Bienenhandel erhältlich. Beachten Sie, dass Pulver aus nahezu reinem Schwefel, die in Gartencentern erhältlich sind, andere Substanzen enthalten können, die als Benetzungsmittel oder Dispergiermittel dienen. Für eine weniger «saubere» Methode kann ein in Benzin getränkter Lappen auf ein Drahtgeflecht über den Oberträgern platziert und der Bienenstock verschlossen werden. Die chaotischste, wenn auch wirksamste Methode besteht darin, alle Bienen mit einer starken Reinigungsmittellösung zu übergießen bzw. zu besprühen. Ich musste glücklicherweise noch kein einlogiertes Volk töten, habe aber Reinigungsmittel bei einigen Bienenvölkern in Gebäuden eingesetzt, wo ein lebendes Entfernen nicht durchführbar war. Der Vorteil ist, da die Methode ohne Insektizide auskommt, dass es keine stark giftigen Rückstände hinterlässt, die durch Räuber an andere Völker in der Umgebung verbreitet werden könnten.

## 15.2 Insekten

Ein gesundes Bienenvolk sollte in der Lage sein, sich selbst gegen Wachsmotten *(Galleria mellonella, Achroia grisella)*, Gemeine/Deutsche Wespen *(Vespula vulgaris/germanica)* und sogar den Kleinen Beutenkäfer *(Aethina tumida)* zu verteidigen. Falls sich ein Wespennest in der Nähe des Bienenstands befindet oder es in einem bestimmten Jahr einen Anstieg in der Population gegeben hat, kann es im Spätsommer notwendig sein, das Flugloch zu verkleinern, welches jedoch mit der Sammeltätigkeit vereinbar sein sollte. Möglicherweise möchten Sie alle Nester in der Nähe entfernen, die Sie finden können. Bedenken Sie jedoch, dass auch die Wespe ihre nützlichen Seiten besitzt, da sie Blattläuse frisst. In den Jahren einer Wespenplage bringe ich in der Nähe meiner Bienenstöcke Wespenfallen an, die in ihrer einfachsten Form aus einem Glasgefäß mit einem kleinen Loch im Metalldeckel bestehen und am Boden eine Flüssigkeit mit Marmelade enthalten.

Ich finde, dass Wachsmotten immer nur ein Problem in unbesetzten Bienenstöcken darstellen. Wenn Sie die Waben für die Wiederverwendung im folgenden Jahr aufbewahren müssen, sollten Sie sie zwei Tage lang im Gefrierschrank lagern, um eventuelle Motteneier abzutöten. Die Wabe oder ganze Zargen davon werden dann in einer Plastiktüte aufbewahrt.

Der Kleine Beutenkäfer ist ein ernsteres Problem. Erste Hinweise aus Australien zeigen, dass Warré-Völker gut mit dem Käfer zurechtkommen. Durch die einfachere Innenarchitektur des Bienenstocks gibt es weniger Versteckmöglichkeiten für den Käfer. Wenn Sie das Gefühl haben, dass der Käfer ein Problem an Ihrem Bienenstand darstellt, dann erwägen Sie den Einbau einer Falle am Eingang, wie sie im Imkereifachhandel erhältlich ist. Es sind auch Bodenbrettfallen erhältlich. Um sie an einem Warré-Bienenstock anzubringen, muss möglicherweise das Anflugbrett entfernt werden.

Die Europäische Hornisse *(Vespa crabro)* wird normalerweise für Imkerinnen und Imker nicht als ein Problem angesehen. Ich habe bisher immer nur eine bei meinen Bienenstöcken gesehen. Allerdings ist die Asiatische Hornisse *(Vespa velutina nigrithorax)*, die mittlerweile Europa erreicht hat, ein weitaus schwerwiegenderer Schädling für Bienenstöcke.

## 15.3 Schnecken

Aus einem Grund, den ich bisher nicht ergründen konnte, sind meine Warré-Bienenstöcke manchmal attraktiv für große Nacktschnecken, gelegentlich sogar für bis zu vier. Dies passierte nie bei meinen Rähmchenbeuten, die zufälligerweise alle einen Gitterboden besitzen. Vielleicht wirkt das Metallgitter abschreckend. Die Schnecken stellen keine Gefahr für die Bienen dar, hinterlassen aber manchmal Kot in der Wand oder dem Boden der Beute. Die Bienen schenken ihnen kaum Beachtung. Ich habe nur zwei Schnecken gesehen, die in einem Bienenstock getötet und mit Propolis umwickelt wurden.

## 15.4 Varroa

Die mit Abstand häufigste Bienenkrankheit, die ich bei meinen Völkern sehe, betrifft das Flügeldeformationsvirus. Das offensichtlichste äußere Zeichen sind schwächlich aussehende Bienen mit geschrumpften Flügeln, die aus dem Flugloch oder auf dem Erdboden krabbeln. Gelegentlich kann man beobachten, wie sie von gesund aussehenden Arbeitsbienen herausgezogen werden. Das Virus ist eines von vielen, die bereits vor dem Eintreffen der Varroa-Milbe bei Bienen vorkamen, jetzt aber durch die Milbe verbreitet werden, die sich vom Fettkörper von Puppen und erwachsenen Bienen ernährt. Aber Bienen sind gegenüber Varroa nicht völlig wehrlos. Die Fortpflanzung der Milben wird durch die Brutpause beim natürlichen Schwärmen, eine warme Nestumgebung, Hygieneverhalten und bestimmte von Puppen abgegebene Chemikalien gehemmt. Die hervorragenden thermischen Eigenschaften einer Warré-Beute sollten dazu beitragen, eine wärmere Nestumgebung zu schaffen und Varroa zu hemmen, was jedoch noch nicht bewiesen wurde.

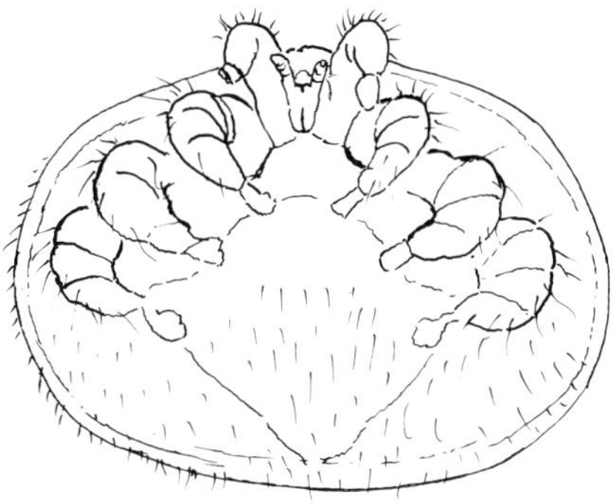

15.1 Unterseite einer Varroamilbe (50-fache Vergrößerung)

Die einzige Behandlung ist, die Milbenanzahl zu reduzieren. Viele, wenn nicht die meisten naturnahen Imkerinnen und Imker bevorzugen es, nicht gegen Varroa zu behandeln. Sie sind bereit, die höhere Völkerverlustrate in Kauf zu nehmen, und müssen im Gegenzug keine Chemikalien in ihre Bienenstöcke einbringen. Ich vertrete diese Linie bei meinen eigenen Völkern, erleide aber Verluste bei meinen Warré-Völkern, die über einen Zeitraum von fünf Jahren durchschnittlich etwa 30 % betragen. Wenn Anfänger viel Geld in einen Bienenstock, Ausrüstung und Bienen investiert haben, dann wünschen sie sich nicht, dass ihre Ausgaben durch Varroa bzw. Viren vernichtet werden. In diesem Fall können Sie erwägen, die in Ihrer Region verfügbaren und rechtlich zulässigen Behandlungen durchzuführen. Ihr regionaler Verband wird in der Lage sein, Sie in dieser Sache zu beraten. Vor 2009, als ich bei meinen Rähmchenbeuten noch gegen Varroa behandelte, verwendete ich Anfang Januar Oxalsäure und im September, nach der Honigernte, Thymol. Passende Präparate und Abgabesysteme für diese beiden Wirkstoffe und andere wie Ameisensäure sind im Imkereifachhandel erhältlich. Allerdings ist keiner dieser Stoffe ohne negative Auswirkungen auf die Bienen und die nützliche Mikrobiota im Bienenstock. Weiterhin kann jeder Eingriff gegen Varroa den Prozess der natürlichen Auslese verlangsamen, der in Richtung gemeinsame Anpassung von Biene und Milbe tendiert. Es geht darum, Kosten und Nutzen abzuwägen.

Einige naturnahe Imkerinnen und Imker behandeln mit Puderzucker. Es gilt als die schonendste Behandlung. Da es jedoch gute Beweise dafür gibt, dass es nicht wirksam ist, selbst wenn es wöchentlich oder vierzehntägig angewendet wird, und es zudem sehr störend ist, wenn die Völker sehr häufig geöffnet werden müssen, werde ich es hier nicht weiter thematisieren.

Falls Sie eine Varroa-Behandlung vornehmen wollen, ist es sinnvoll, nur dann zu behandeln, wenn es wirklich notwendig erscheint. Ein Weg, die Milbenbelastung im Volk zu beurteilen, besteht im zeitweisen Austausch des Warré-Bodens gegen einen Gitterboden. In einer Schublade unter dem Gitterboden, die von hinten eingeschoben werden kann, liegt ein Blatt Backpapier oder fettdichter Karton, die mit etwas beschichtet sind, an dem die Milben haften bleiben, z. B. Pflanzenöl. Die Anbringung wird drei Tage lang an Ort und Stelle belassen und der natürliche Milbenfall gezählt. Abhängig von der Jahreszeit wird die pro Tag gefallene Anzahl mit einem zuvor experimentell ermittelten Faktor multipliziert, um eine grobe Schätzung der Milbenanzahl im Volk zu erhalten: Frühling/Herbst × 100; Sommer × 30; Winter × 400. Eine Behandlung ist erst dann angezeigt, wenn die Milbenzahl die wirtschaftliche Schwelle von etwa einem Achtel des Bienenbestands erreicht. Die durchschnittliche Anzahl erwachsener Bienen in einem gesunden, kräftigen Volk kann zwischen weniger als 10 000 bis nahe 40 000 im Sommer liegen.

Einige Bio-Imker sind der Ansicht, dass die «Rückführung» ihrer Bienen auf kleinzellige Waben unter Verwendung von Mittelwänden aus Wachs bzw. Kunststoff oder einer Kunststoffwabe mit einer Zellgröße von 4,9 mm statt 5,3/5,4 mm ihren Bienen bei der Bewältigung der Varroa hilft. Ich habe die experimentellen Beweise für und gegen diese Hypothese überprüft und fand sie nicht überzeugend genug, um diese Behandlung überhaupt zu versuchen.[44] Meine Bienen bauen ihre Zellen in der Größe, die sie selbst wählen. Der Begriff «Rückführung» geht davon aus, dass Bienen einst auf Zellen mit einem Durchmesser von 4,9 mm lebten, bevor Mittelwände kommerziell verfügbar waren. Ich habe die historischen Beweise von Apiologen bis zurück zu Swammerdam überprüft und kann nichts finden, was diese Annahme stützen könnte.[45]

## 15.5 Krankheiten unter Beteiligung von Mikroorganismen

Der Warré-Bienenstock kann mit seinen hervorragenden thermischen Eigenschaften, den naturnahen Waben und der Betriebsweise mit minimalen Eingriffen sowie einem integrierten Wabenerneuerungsprozess dazu beitragen, die Arten von physiologischer Belastung zu reduzieren, die einige der unten beschriebenen Krankheiten im Zusammenhang mit Mikroorganismen auslösen. Wenn außerdem auf einen guten Beuten-Standort geachtet wird und das Bienenvolk nie Mangel an einem vielfältigen natürlichen Nahrungsangebot leidet, dann hat der naturnahe Imker alles getan, was er oder sie kann, um solche Krankheiten zu minimieren. Vorbeugen ist besser als heilen!

## 15.6 Nosema

Wenn das Flugloch und das Anflugbrett mit viel Bienenkot, also gelben, orangefarbenen oder braunen Ablagerungen, beschmiert sind, besteht der Verdacht auf Ruhr durch Nosemose. Ein weiteres Symptom sind am Boden kriechende Bienen. Da diese Krankheit, an der die Mikrosporidien *Nosema apis/cerana* beteiligt sind, größtenteils durch Stress ausgelöst wird, ist es unwahrscheinlich, dass sie bei den von Ihnen gehaltenen Bienen auftritt. Wenn es aber trotzdem auftritt und Sie wahrscheinlich nicht die empfohlene Behandlung mit einem Antibiotikum durchführen wollen, dann schauen Sie, ob eine Stressreduzierung durch Füttern oder sogar eine Verlegung des Bienenstocks an einen sonnigeren, trockeneren und besser geschützten Bienenstand hilfreich wäre. Wenn der neue Standort weit entfernt von anderen Bienenstöcken liegt, besteht der zusätzliche Vorteil darin, dass das Risiko vermieden wird, dass infizierte Bienen zu anderen Völkern fliegen und *Nosema*-Sporen mit sich führen. Sollte sich das Volk jedoch nicht erholen, so haben Sie keine andere Wahl, als es zu töten (Kapitel 15.1), das Innere der Beute abzuflammen und neu zu starten.

## 15.7 Brutkrankheiten

Wenn die Faulbrutkrankheiten so weit fortgeschritten sind, dass man sie am Geruch am Flugloch erkennen kann – dem Geruch von altem Holzleim bei Amerikanischer und saurem Geruch bei Europäischer Faulbrut –, dann ist die Krankheit wahrscheinlich sehr weit fortgeschritten und es gibt keine andere Möglichkeit, als die Völker zu vernichten. Um die Brut auf Krankheiten zu untersuchen, entnehmen Sie zunächst die Waben (Kapitel 7.2.2). Der Anfänger bzw. die Anfängerin sollte möglichst die Hilfe von jemandem in Anspruch nehmen, der Faulbrut gesehen hat. Das kann der staatliche Bezirkssachverständige für Bienenkrankheiten sein oder ein Mitglied des regionalen Imkerverbandes.[46] Imkereibücher, frei zugängliche Veröffentlichungen der britischen National Bee Unit und von Beratungsdiensten und staatlichen Stellen in anderen Ländern (z. B. USDA)[47] bieten zusammen mit vielen seriösen Seiten im Internet eine Fülle von Farbfotos von Brutkrankheiten.

### 15.7.1 Europäische Faulbrut

Die Larven sterben und zersetzen sich im frühen Stadium und hinterlassen ein fleckiges Muster in der verdeckelten Brut. Ammenbienen versuchen, sie zu entfernen, und bringen dadurch die Sporen zu anderen Larven. Eine Behandlung beinhaltet die Übertragung der adulten Bienen in eine neue Beute, das Vernichten der Waben sowie das Desinfizieren bzw. Abflammen der Ausrüstung. Da es sich jedoch um eine stressbedingte Krankheit[48] handelt (Umstellen von Bienenstöcken, Auskühlen, Mangelernährung), kann sie in einem Bienenvolk auftreten und verschwinden, wenn sich die Ernährungs- und Wetterbedingungen ändern, und oft, ohne dass die Imkerin merkt, dass sie vorhanden ist.

## 15.7.2 Amerikanische Faulbrut

Bei dieser Krankheit, die in Großbritannien und vielen anderen Ländern/ Staaten[49] meldepflichtig ist, sterben die Larven und zersetzen sich, nachdem die Zellen verdeckelt wurden. Das äußere Zeichen sind eingesunkene Deckel, die manchmal löchrig sind. Beim Öffnen und Eintauchen eines Streichholzes in die schleimige Masse am Boden einer Zelle bildet sich zwischen der Zelle und dem Streichholz ein bräunlicher, klebriger Faden. Die schleimige Masse enthält Millionen von Sporen. Sie trocknet ein und ist für die Putzerinnen nur schwer zu entfernen. Die Sporen sind unglaublich langlebig und hitzestabil. Wenn in der freien Wildbahn das Volk ausstirbt, zerkleinern die Zersetzer oft die Waben und beseitigen so den Infektionsherd. Aber wenn vorher ein Volk den Ort besiedelt, wird die Krankheit höchstwahrscheinlich in ihrer Brut fortbestehen. Konfrontiert mit klinischer Faulbrut in einem Bienenstock, wird der naturnahe Imker, ganz gleich, welche anderen Möglichkeiten es gibt, ohne Zweifel zumindest die Waben, die Oberträger und das Abdecktuch vernichten und anschließend die Bienenstockzargen und den Boden abflammen.

Apiologen betrachten die Amerikanische Faulbrut als eine Krankheit, die durch Imkereipraktiken, einschließlich Stress für das Volk und das Austauschen von Beutenkomponenten und Waben zwischen Bienenvölkern, verstärkt wird.

## 15.7.3 Kalk- und Sackbrut

Hierbei handelt es sich größtenteils um stressbedingte Krankheiten, die die Bienen häufig selbst heilen. Gelegentlich sehe ich Kalkbrutmumien an meinen Fluglöchern. Ein Pilz wächst auf Larven, meist nur auf ein paar hier und da, und füllt schließlich die Zelle fast aus. Die Bienen können in der Regel den entstandenen Klumpen unversehrt entfernen, der oval ist, sich normalerweise zu einem Ende hin verjüngt und meist weißlich ist, jedoch oft dunklere bis schwarze Markierungen besitzt. In schweren Fällen kann eine Sanierung durch Austausch der Königin notwendig sein.

Bei der Sackbrut handelt es sich um ein Virus, das kurz vor oder nach dem Verdeckeln zum Tod der Larven führt. Tote Larven sehen wässrig und körnig aus und liegen in einem dicken Sack mit dem Kopf zum Zelleingang hin. Wenn viele tote Larven vorhanden sind, entsteht ein säuerlicher Geruch. Es gibt keine andere Behandlung für Kalk- oder Sackbrut als die Linderung physiologischer Stressfaktoren. Ein Austausch der Königin kann Abhilfe schaffen.

Wie zu erwarten, ist die Liste der Parasiten und Krankheitserreger von Honigbienen viel länger als die, die ich hier aufgeführt habe, wobei es sich nur um die häufigeren und symptomatisch offensichtlicheren handelt, denen Sie wahrscheinlich begegnen werden.

## 15.8 Pestizide

Dies ist ein leidiges Thema unter Imkerinnen und Imkern und das schon seit vielen Jahrzehnten seit der Einführung von DDT. Wenn Sie wie ich in einer weitgehend grasbewachsenen Landschaft leben, ist das Risiko, Pestiziden ausgesetzt zu sein, wahrscheinlich geringer als in eher landwirtschaftlich genutzten Landschaften. Trotzdem wurde vermutet, dass selbst Schafsäpfel Pestizide über das Abflusswasser der Tiere auf Wiesenblumen übertragen könnten.

Die größte Bedrohung durch Pestizide scheinen derzeit Neonikotinoide zu sein, die in Ackerkulturen weit verbreitet und in sehr geringen Dosen für Bienen schnell tödlich sind. Dauerhafte Exposition gegenüber selbst niedrigeren Dosen kann das Bienenverhalten, z. B. die Heimkehrfähigkeit in den Stock, beeinträchtigen. Zehntausende Völker gingen in den letzten Jahren in Deutschland aufgrund von Verflug durch die Saatgutbehandlung mit Neonikotinoiden verloren. Das Pestizid wird vom Samen aufgenommen und in der gesamten Pflanze verteilt und kann über Pollen und Nektar auf die Bienen übertragen werden.

Was kann man tun, abgesehen von der Lobbyarbeit bei politischen Vertretern, für bienengeeignetere Pestizide oder sogar für eine biologische, pestizidfreie Landwirtschaft? Der erste Schritt besteht darin, frühzeitig in der Wachstumsperiode alle Kulturpflanzen in Ihrer Region zu bestimmen, die wahrscheinlich eine Bedrohung darstellen. Landwirte müssen die in den Pestizidzulassungen vorgeschriebenen Anweisungen zur Pestizidanwendung einhalten. Das kann bedeuten, dass Sie mit einzelnen Imkerinnen und Imkern und auch örtlichen Imkervereinen zusammenarbeiten und das Spritzen vermeiden, wenn die Bienen draußen sind. Möglicherweise können Sie während des Spritzens die Bienenstöcke verschließen, wobei es in diesem Fall ratsam wäre, vorher einen Gitterboden anzubringen und bei warmem, sonnigem Wetter eine Belüftung von oben bereitzustellen. Das Errichten einer Beschattung für den Bienenstock kann ebenfalls hilfreich sein. Im Ernstfall müssen Sie möglicherweise einen anderen Standort für Ihren Bienenstand finden.

Eine Vergiftung tritt meist im Frühjahr oder Sommer auf und zeigt sich anhand vieler toter Bienen, die plötzlich um das Flugloch herum auftreten. Wenn Sie vermuten, dass Ihre Bienen durch Pestizide vergiftet wurden, haben Sie möglicherweise Anspruch auf eine Entschädigung, insbesondere wenn das Pestizid auf unverantwortliche Weise eingesetzt wurde. Sammeln, identifizieren und frieren Sie Proben von einigen Hundert Bienen aus jedem der betroffenen Bienenstöcke ein und machen Sie Fotos, vorzugsweise mit Zeitmarkierung. Ihr örtlicher Imkerverein teilt Ihnen mit, an welche Behörde Sie sich wenden können.[50]

# Endnoten

## Vorwort

[1] *The Bee-friendly Beekeeper*, Northern Bee Books, 2010

[2] *Beekeeping for All*, Northern Bee Books, 2007/2013; engl. Übersetzung D. u. P. Heaf von *Apiculture pour tous* nach É. Warré, 1948; dt. Übersetzung: A. Meisl, https://de.scribd.com/document/267541185/Bienenhaltung-Fuer-Alle-Emile-Warre. Eine weitere deutsche Übersetzung von Warrés Original stammt von Mandy Fritsche: https://www.warre-bienenhaltung.de/Warrebuch_Auflage2_Webversion.pdf

[3] Völlig natürlicher Wabenbau ermöglicht den Bienen, die Zellengröße und den Wabenabstand zu bestimmen.

[4] www.naturalbeekeepingtrust.org; die deutsche Übersetzung könnte mit «Vereinigung für naturnahe Bienenhaltung» angegeben werden. (A.P.)

## Vorwort zur deutschen Ausgabe

[5] Heaf, D. *Behandlungsfrei imkern. Auf dem Weg zur behandlungsfreien Bienenhaltung.* Haupt Verlag, Bern, 2023; engl. Original: Heaf, D. *Treatment-Free Beekeeping.* Northern Bee Books, 2021

## 1 Einleitung

[6] Siehe Vorbehalt Kapitel 11.2.1

[7] http://groups.google.com/g/warrebeekeeping

[8] Deutsche Übersetzung etwa «Nationale Bienen-Vereinigung» (A.P.)

[9] https://www.nationalbeeunit.com/

[10] Für Deutschland bietet der Deutsche Allergie- und Asthmabund (DAAB) Informationen zum Umgang mit Insektengiftallergien und Anaphylaxie auf seiner Webseite an: https://www.daab.de/allergien/hauptausloeser/insekten.
Für Österreich stellt die ALK-Abelló Allergie-Service GmbH Informationen zum Thema Insektengiftallergien auf ihrer Webseite zur Verfügung: https://www.insektengiftallergie.at.
Für die Schweiz sind Informationen auf der Webseite von aha! Allergiezentrum Schweiz zu finden: https://www.aha.ch/allergiezentrum-schweiz/allergien-intoleranzen/insektengiftallergien (A.P.)

[11] *Zur Rettung der Honigbiene* (keine deutsche Buchübersetzung vorhanden, A.P.)

[12] *Die Biologie der Honigbiene* (keine deutsche Buchübersetzung vorhanden, A.P.)

[13] *Die Honigbiene* (ohne deutsche Untertitel, A.P.)

## 2 Konstruktion

[14] Frèrès, J-M. & Guillaume, J-C. (korrigierte Neuauflage, 2020). *L'apiculture écologique de A à Z.* Marco Pietteur, Belgien.

[15] Warré nummerierte seine Zargen immer von oben nach unten. Ich mache es auch, mit der Begründung, dass die erste Zarge, die bevölkert wird, die oberste ist, nämlich Zarge 1.

[16] In Großbritannien: 20 × 1 mm, japanisch.

[17] Frèrès, J-M. & Guillaume, J-C. (2013/2020). *L'apiculture écologique de A à Z.* Marco Pietteur, Belgien.

[18] Frèrès, J-M. & Guillaume, J-C. (2013/2020). *L'apiculture écologique de A à Z.* Marco Pietteur, Belgien.

[19] Bei Larry Garretts Bodenausführung befindet sich das Flugloch unterhalb des Gitters. Die Bienen gelangen über die Schlitze im Gitter in den Brutraum (A.P.) (vgl. Heaf, D. *Warré Beekeeping. Floors, sumps and stands. Modifications to Warré's floor design.* https://warre.biobees.com/sumps_floors_stands.htm).

[20] Warré, E. (1923). *L'Apiculture pour tous*, 5e édition, Tours. http://warre.biobees.com/warre_5th_edition.pdf. Seiten 60–71 ins Englische übersetzt von David Heaf: http://warre.biobees.com/warre_5ed_60.pdf. Siehe auch JPEG-gescannte Fotos der französischen Originalausgabe auf: http://ruche.populaire.free.fr/apiculture_pour_tous_5eme_edition/.
Eine deutsche Übersetzung der Seiten 60–71 der 5. Auflage war nicht zu ermitteln (A.P.).

### 3 Aufstellung Ihres Bienenstocks

[21] Original (engl.): «Bees in a wood never do any good.»

### 4 Arbeitsschutz und Imkerwerkzeuge

[22] Diese werden an den beiden Drahtenden befestigt und dienen als Griffe, um beim Durchziehen des Drahtes Verletzungen an den Händen zu vermeiden (A.P.).

[23] Die Keile werden zwischen beide Kisten geschoben und dort belassen, damit ein Schlitz entsteht, durch den der Draht gezogen werden kann (A.P.).

[24] Eine Waage ist hilfreich, um die eingelagerte Futtermenge in der Beute zu ermitteln. Das Gewicht der beiden Seiten wird addiert, abzüglich des durchschnittlichen Gewichts der Bienenkästen mit allen 8 Oberträgern und des Gewichts der Bienen (A.P.).

[25] Warré, E. (1923). *L'Apiculture pour tous*, 5e édition, Tours. http://warre.biobees.com/warre_5th_edition.pdf

[26] https://warre.biobees.com/lift.htm

[27] https://www.youtube.com/watch?v=lC6zFBezEv4

### 5 Bienen anschaffen

[28] A. Meisl, https://de.scribd.com/document/267541185/Bienenhaltung-Fuer-Alle-Emile-Warre

[29] D. Heaf. *The Bee-friendly Beekeeper. A sustainable approach.* Northern Bee Books, 2010/2015.

[30] Die Rechtslage zum Eigentum von abgehenden Bienenschwärmen in Deutschland regelt das Bürgerliche Gesetzbuch (BGB) in den § 960–964; in der Schweiz das Schweizerische Zivilgesetzbuch (ZGB) in Art. 700, Art. 719 Abs. 2 und 3, Art. 720 ff., Art. 725; in Österreich das Allgemeine Bürgerliche Gesetzbuch (ABGB) in § 384. (A.P.)

[31] Freecycle ist ein Internet-Verschenk-Netzwerk. (A.P.)

[32] Der naturnahe und biodynamische Imker Johannes Wirz beschreibt die Königin treffend als das «Organ der Koloniekohärenz» und zieht dies ihrer üblichen Bezeichnung als einer Eierlegemaschine vor.

[33] Im Original: «A swarm in May is worth a load of hay; a swarm in June is worth a silver spoon; a swarm in July isn't worth a fly.»

[34] Seeley, T. D. & Morse, R. A. (1977). «Dispersal behaviour of honey bee swarms». *Psyche* 84 (3–4), 199–209.

### 6 Einzug in den Bienenstock

[35] Siehe Fotos zum Treiben auf: http://ruche.populaire.free.fr/essaim/tapotement/

### 7 Allgemeine Betriebsweise und Beobachtung des Fortschritts

[36] Storch, H. *Am Flugloch.* Selbstverlag, Marburg/Lahn, 1951; 14., erweiterte Auflage, Europäische Bienenzucht Ausgaben (Hrsg.), Brüssel, 2018.

[37] Die Oberträger verbleiben dabei bis zur Honigernte in der Hochkant-Position. (A.P.)

[38] *Apiculture pour tous* nach É. Warré, 1948; dt. Übersetzung: A. Meisl, https://de.scribd.com/document/267541185/Bienenhaltung-Fuer-Alle-Emile-Warre

### 9 Ernten

[39] http://warre.biobees.com/guillaume_cost_benefit_analysis_2012.pdf

[40] Fischer's 'Bee Quick' ist eine alkoholfreie Mischung aus natürlichen Ölen und Kräuterextrakten. (A.P.)

### 10 Honiggewinnung

[41] http://warre.biobees.com/pressing.htm

[42] http://www.dheaf.plus.com/warrebeekeeping/solar_extractor.htm

### 14 Völkervermehrung

[43] Bruder Adam: *Meine Betriebsweise. Imkern wie im Kloster Buckfast.* Kosmos Verlag, 8. Auflage 2019.

### 15 Schädlinge und Krankheiten

[44] Heaf, D. J. (2011). «Do small cells help bees cope with varroa? – A review». *The Beekeepers Quarterly* (June 2011) No. 104, S. 39–451.

[45] Heaf, D. J. (2013). *Natural cell size.* http://www.dheaf.plus.com/warrebeekeeping/natural_cell_size_heaf.pdf

[46] Informationen für die Schweiz zum Vorgehen bei Faulbrut z. B. auf der Internetseite des BLV Bundesamt für Lebensmittelsicherheit und Veterinärwesen: https://www.blv.admin.ch/blv/de/home/tiere/tierseuchen/uebersicht-seuchen/alle-tierseuchen/faulbrut-der-bienen.html
Für Deutschland siehe z. B. Webseite der Bayerischen Landesanstalt für Weinbau und Gartenbau: «Für ein effektives Vorgehen im Seuchenfall haben die Bundesbehörden Handlungsempfehlungen für Amtstierärzte, Untersuchungsstellen, Bienensachverständige und betroffene Imker erstellt. >Faulbrut-Leitlinie (Bundesministerium für Ernährung, Landwirtschaft und Verbraucherschutz)»: https://www.lwg.bayern.de/bienen/krankheiten/130611/index.php
Für Österreich siehe z. B. Webseite der AGES, Österreichische Agentur für Gesundheit und Ernährungssicherheit GmbH: https://www.ages.at/mensch/krankheit/krankheitserreger-von-a-bis-z/ (A.P.)

[47] United States Department of Agriculture, deutsch: Landwirtschaftsministerium der Vereinigten Staaten (A.P.)

[48] Die Europäische Faulbrut ist in Deutschland und Österreich nicht anzeigepflichtig. In der Schweiz ist die Krankheit meldepflichtig. (A.P.)

[49] In Deutschland und Österreich ist die Amerikanische Faulbrut anzeigepflichtig, in der Schweiz meldepflichtig. (A.P.)

[50] Informationen zu Bienenschäden durch den Einsatz von Pestiziden: für die Schweiz auf der Webseite der Bienenorganisationen unter dem Dach von apisuisse: https://bienen.ch/vergiftungsverdacht-erkennen-und-richtig-handeln/; für Deutschland auf der Webseite des Julius-Kühn-Instituts: https://wissen.julius-kuehn.de/bienenuntersuchung/; für Österreich sind die zuständigen Stellen die Bezirksverwaltungsbehörden, siehe z.B. die Webseite vom Bienenzentrum Oberösterreich: https://www.bienenzentrum.at/richtlinie-vorgangsweise-bei-bienenschaeden-mit-vergiftungsverdacht+2400+1001584 (A.P.)

# Anhang

## Webseiten und Foren zur Warré- und naturnahen Imkerei

Warré Beekeeping: **warre.biobees.com**
Google e-group: **groups.google.com/g/warrebeekeeping**
David Heafs Webseite: **www.bee-friendly.co.uk**
Friends of the Bees: **www.biobees.com**
Natural Beekeeping Trust: **www.naturalbeekeepingtrust.org**
Gareth Johns Blog zur naturnahen Imkerei: **simplebees.wordpress.com**
Nick Hampshires Seite mit Hilfe zum Warré-Beutenbau für absolute Anfänger: **www.thebeespace.net**
Jean-François Dardenne: **www.ruche-warre.levillage.org**
Guillaume Fontaine: **www.apiculture-warre.fr**
Jan-Michael Schütt & Olivier Duprez: **apiculturenaturelle.fr**
Gilles Denis, kommerzieller Imker, Lieferant von abgeänderten Warré-Beuten, Komponenten, Bienen und eines Warré-Handbuchs; gibt Kurse zur Warré-Beute: **www.ruche-warre.com**
Marc Gatineau: **www.apiculturegatineau.fr**
Französischsprachiges Forum: **www.ruchewarre.net**
Claude Bralets umfangreiche Webseite über ökologische, bienenfreundliche Bienenhaltung, einschließlich der Warré-Beute: **www.la-ruche-sauvage.com/ruches/ruchecolo.php**
André Wermelinger (Schweiz): **www.natuerliche-bienenhaltung.ch/warre.php**
Tim Malfroy (Australien), kommerzieller Imker: **malfroysgold.com.au**; **naturalbeekeeping.com.au**

## Lieferanten von Warré-Beuten

Die Qualität und das Design der als Warré verkauften Bienenstöcke variiert sehr stark. Versuchen Sie herauszufinden, ob die Ausführung Ihren Erwartungen entspricht. Nehmen Sie sich beim Kauf Zeit und erwägen Sie, sich bei mehreren Anbietern zu erkundigen. Wenn Sie Zweifel haben, fragen Sie bei Warré e-groups bzw. Foren nach, ob jemand ein Produkt kommentieren kann, welches Sie interessiert.

Peter Kubista (Österreich):
**imkershop-wien.at/imkereibedarf-produkte/bienenbeuten-aus-massivholz/warre-beute.html**

Heinrich Holtermann (Deutschland):
**www.holtermann-shop.de/holzbeuten/warre-beute/**

Bienen Ruck (Deutschland):
**www.bienen-ruck.de/imkershop/bienenkaesten/warre-beute/**

Hans Studerus (Schweiz):
**freethebees.ch/produkt/warre-beuten-hans-studerus/**

Ickowicz (Frankreich):
**www.icko-apiculture.com/**

La Fabrique à ruches (Frankreich):
**www.la-fabrique-a-ruches.com/**

De Imkershop (Niederlande):
**imkershop.nl/111-warre-bijenkasten**

E. H. Thorne (Beehives) Ltd (Großbritannien):
**www.thorne.co.uk/hives/warre**

Falls einer der oben aufgeführten Links nicht funktioniert, dann schauen Sie bitte unter:
**warre.biobees.com/links.htm**

## Glossar

**Abdeckbrett**: Innere Abdeckplatte bei Beuten

**Akarizid**: Milbenvernichtungsmittel

**Ameisensäure**: Natürliches, bei Ameisen und Bienen usw. vorkommendes Akarizid, jetzt synthetisch

**Anaphylaxie**: Starke Immunreaktion, die zum Tod führen kann.

**Anthropozentrisch**: Der Mensch steht im Mittelpunkt.

**Apizentrisch**: Bienenzentriert

**Bain-Marie**: Heißes Wasserbad

**Biodynamisch**: Landwirtschaftliches System, das auf den Ideen von Rudolf Steiner beruht.

**Demeter**: Zertifizierter Name biodynamischer Produkte

**Drohne**: Männliche Biene

**Ersetzen**: Austausch der Königin ohne Schwärmen

**Falze**: Einkerbungen in den Kanten der Seitenwände der Bienenstock-Zarge zum Aufnehmen der Oberträger

**Flucht**: Das ganze Volk verlässt den Bienenstock.

**Fondant**: Weiche, teigartige Zuckermasse, die von Bäckern verwendet wird.

**Gewicht abschätzen**: Wiegen, normalerweise nach Gefühl

**Honighahn**: Verschlusshahn am Honigtank, um das Abfüllen mit minimalem Tropfen zu ermöglichen.

**Honigraum**: Bienenstock-Zarge, die über dem Brutnest aufgesetzt wird.

**Honigschleuder**: Eine Zentrifuge, mit der Honig aus Bienenwaben in Rähmchen gewonnen wird.

**Honigtank**: Absetzbehälter mit Hahn, um Luft und Wachs-/Propolispartikel vom Honig zu trennen (klären).

**Kaltbau**: Waben im rechten Winkel zum Fluglochschlitz

**Kissen**: Hier: Flacher Rahmen, der mit Isoliermaterial gefüllt ist.

**Krankheitserreger**: Organismus, der mit einer Krankheit in Verbindung steht.

**Langstroth**: US-amerikanischer Erfinder von Rähmchenbeuten mit Bienenabstand

**Larve**: Madenstadium der jungen Biene vom Eischlupf bis zur Verpuppung

**Mellifera**: Honig bringend/liefernd

**Mikrobiota**: Gesamtheit der Mikroorganismen an einem bestimmten Ort

**Mittelwände**: Dünne Wachsplatten mit geprägten Zellen in Form eines Sechsecks

**Nasonov**: Name der Drüse am Ende des Hinterleibs der Honigbiene, benannt nach ihrem Entdecker

**National**: Weitverbreiteter Bienenstock in Großbritannien

**Nestduftwärmebindung**: Originaler Begriff von Johann Thür zur Beibehaltung des Nestdufts und der Nestwärme

**Ökozentriert**: Nach ökologischen Prinzipien ausgerichtet

**Oxalsäure**: Akarizid, das z. B. in Rhabarber vorkommt, jetzt synthetisch

**Pheromon**: Chemischer Botenstoff von lebenden Organismen

**Propolis**: Mischung aus Wachs und Pflanzenexudat, das von den Bienen als natürliches Antiseptikum und Versiegelungsmittel verwendet wird.

**Puppe**: Passives Puppenstadium der jungen Biene nach der Larve, im Kokon in der verdeckelten Zelle

**Sackleinen**: Grob gewebtes Jutetuch

**Thixotrop**: Eigenschaft von Gelen, die beim Rühren flüssiger sind, aber beim Stehen halbfest werden.

**Thymol**: Akarizides ätherisches Öl aus Thymian, jetzt synthetisch

**Untersetzen**: Bienenstock-Zarge, die unter dem Brutnest platziert wird.

**Varroa**: Milbe, die auf Honigbienen lebt.

**Vaseline**: Hautsalbe, ein Gemisch aus Kohlenwasserstoffen aus Erdöl

**Verflug**: Bienen fliegen zu einem anderen Bienenstock zurück.

**Warmbau**: Waben sind parallel zum Flugloch angeordnet.

**Zusatzkasten**: Beutenelement, normalerweise flach, welches zur Erweiterung des Bienenstocks verwendet wird, um zusätzlichen Raum zu schaffen.

## Danksagung

Ich danke Jeremy Burbidge von Northern Bee Books, der mir vorgeschlagen hat, dieses Buch zu schreiben. Jan Jenkins und John Harverson haben freundlicherweise das Manuskript gelesen und machten viele hilfreiche Vorschläge, die das Buch erheblich verbessert haben. Ich danke meiner Frau Pat, dass sie einige meiner Sätze entwirrt hat und verhinderte, dass Tippfehler und andere Anomalien in den Druck gelangen. Für alle verbleibenden Fehler oder Auslassungen bin ich verantwortlich.

Obwohl das Buch Abbé Émile Warré, der 1951 starb, viel zu verdanken hat, wäre es ohne die Berichte von Imkern aus aller Welt über ihre Erfahrungen mit Warrés «Volksbeute» nicht möglich gewesen, seine Imkermethode so umfassend in einen modernen Kontext zu stellen. In diesem Zusammenhang möchte ich insbesondere Andy Collins (UK), Dav Croteau (USA), Karman Csaba (Rumänien), Jean-François Dardenne (Belgien), Larry Garrett (USA), Guillaume Fontaine (Frankreich), Marc Gatineau (Frankreich), Jean-Claude Guillaume (Frankreich), Steve Ham (Spanien), John Haverson (UK), Raimund Henneken (Deutschland), Bernhard Heuvel (Deutschland), Andrew Janiak (Australien), Johan Kok (UK), Timothy Malfroy (Australien), John Moerschbacher (Kanada), Syouichi Morimoto (Japan), Alex Templeton (USA), Dietrich Vageler (Brasilien), Bill Wood (USA) und vielen anderen danken, die im Laufe der Jahre zu unserem Wissen über die naturnahe Bienenhaltung mit dem Warré-Bienenstock beigetragen haben.

Phil Chandler möchte ich herzlich dafür danken, dass er mir Platz auf biobees.com zur Verfügung gestellt hat, um das Warré-Projekt voranzubringen.
Abschließend danke ich Alexander Preuß herzlich für seine Initiative und Übersetzung des Buches in die deutsche Sprache sowie dem Haupt Verlag, der das Werk veröffentlicht.

# Register

1. Auflage: 2026

ISBN 978-3-258-08452-7



Aus dem Englischen übersetzt von Alexander Preuß, D-Berlin
Umschlag, Gestaltung und Satz der deutschsprachigen Ausgabe: Roman, Bold & Black, D-Köln

Umschlagabbildungen
Vorn: Warré-Beute, © David Heaf
Hinten: Bienenvolk in unterer Zarge, © David Heaf

Die englischsprachigen Originalausgabe erschien 2013 unter dem Titel *Natural Beekeeping with the Warré Hive – A Manual* bei Northern Bee Books, Scout Bottom Farm, Mytholmroyd, HX7 5JS Yorkshire, United Kingdom, www.northernbeebookis.co.uk



Wir drucken mit mineralölfreien Farben und verwenden FSC®-zertifiziertes Papier. FSC® sichert die Nutzung der Wälder gemäß sozialen, ökonomischen und ökologischen Kriterien.
Gedruckt in der Tschechischen Republik

FSC
www.fsc.org
MIX
Papier | Fördert gute Waldnutzung
FSC® C010798

Diese Publikation ist in der Deutschen Nationalbibliografie verzeichnet.
Mehr Informationen dazu finden Sie unter http://dnb.dnb.de.

Der Haupt Verlag wird vom Bundesamt für Kultur für die Jahre 2026–2028 unterstützt.

Wir verlegen mit Freude und großem Engagement unsere Bücher. Daher freuen wir uns immer über Anregungen zum Programm und schätzen Hinweise auf Fehler im Buch, sollten uns welche unterlaufen sein. Falls Sie regelmäßig Informationen über die aktuellen Titel im Bereich Natur & Garten erhalten möchten, folgen Sie uns über Social Media oder bleiben Sie via Newsletter auf dem neuesten Stand. **www.haupt.ch/informiert/**

Haupt Verlag AG
Falkenplatz 14
CH-3012 Bern
herstellung@haupt.ch
www.haupt.ch

Verantwortlich in der EU (GPSR):
Brockhaus Kommissionsgeschäft GmbH
Kreidlerstr. 9
DE-70806 Kornwestheim
haupt@brocom.de